2019 年度青岛市社会科学规划研究项目(QDSKL1901235)

QING JIAQING HAO YIXING JI HAICUO YIZHU

清嘉庆郝懿行《记海错》译注

主　编　李伟刚　王栽毅

副主编　王嘉炜　郭谂墨　王　玉
洪　真　孙　超　孙嘉君
任　涛　穆相珍　潘雅卉

策　划　王海博　朱　梅

中国海洋大学出版社
·青岛·

图书在版编目（CIP）数据

清嘉庆郝懿行《记海错》译注 / 李伟刚， 王栽毅主编. -- 青岛：中国海洋大学出版社，2021. 6

ISBN 978-7-5670-2857-9

Ⅰ. ①清… Ⅱ. ①李… ②王… Ⅲ. ①山东半岛—海洋生物—介绍—清代 ②《记海错》译文 ③《记海错》注释 Ⅳ. ① Q178. 53

中国版本图书馆 CIP 数据核字（2021）第 126398 号

出版发行 中国海洋大学出版社
社　　址 青岛市香港东路 23 号　**邮政编码** 266071
出 版 人 杨立敏
网　　址 http：//pub.ouc.edu.cn
电子信箱 zwz_qingdao@sina.com
订购电话 0532－82032573（传真）
责任编辑 邹伟真　**电　　话** 0532－85902533
印　　制 青岛中苑金融安全印刷有限公司
版　　次 2021 年 6 月第 1 版
印　　次 2021 年 6 月第 1 次印刷
成品尺寸 170 mm × 230 mm
印　　张 14. 25
字　　数 336 千
印　　数 1～1 600 册
定　　价 89. 00 元

序　一

清代山东栖霞郝懿行，是乾嘉学派中的语言学名家，代表著作《尔雅义疏》，久为世重。《尔雅义疏》征引浩博，训诂精确，多发前人所未发。对于名物，如草木鸟兽虫鱼，其特色之一是实证，这是学术界早已肯定的。《尔雅》古代的注释以晋郭璞注最有名。郭璞注过《山海经》，我们看郝懿行也有一部名著《山海经笺疏》。为什么呢？因为《山海经》中也有许多奇奇怪怪的山川草木，与《尔雅》相通。郝懿行从郭璞既注《尔雅》又注《山海经》体会到内在的学术联系，所以同样用大力气注《山海经》。这两部古代经典，旧注以郭璞为第一，清朝人的注以郝懿行为代表，这是我们应当看到的。郝懿行还有一部重要著作《证俗文》十九卷，对方言俚语进行考释，包括饮食、服饰、用具、称谓、岁时、名物、草木鸟兽等，这当然是继承汉代扬雄《方言》的专著，我们看郭璞对扬雄《方言》也有注，而且水平很高。所以，郝懿行学习郭璞，是全方位的，而且取得了一流的水平，前后一千五百年间遥相呼应，是学术史上的佳话。

郝懿行在从事大型著述之余，也有专门的小型专著，如《蜂衙小记》一卷，是对蜜蜂的特点、习性及养蜂知识的详细记录，而《记海错》一书则是对海产的专门记录。这都与郝懿行的整体学术息息相关，融为一体。《记海错》记载海产，以鱼类为主，也包括虾、贝等海产生物，以及海浮石这类特殊物产，描写细致生动，不但可以增长知识，而且富有趣味。郝懿行写这本小书，仍然有自己的界限，那就是选择那些历史书中有记载的，以实物与历史记载相对照，从而印证历史记载或弥补历史记载的缺陷。他在序中指出："古人言矣而不必见，今人见矣而不能言。"郝懿行的家乡近海，既能充分观察，又具有古今名物训诂的丰富知识和专门语言积累，因此具有“见而能言”的优势，《记海错》这部书的特殊水平也就显而易见了。

吴清波学长邮示其友李伟刚先生的《清嘉庆郝懿行〈记海错〉译注》书稿，嘱为序言，固辞不获，因写下对郝懿行学问的粗浅认识，希望有助于读者认识这部《记海错》的价值，同时也让我们认识“译注”是一项很有意义的工作。

是为序。

滕人杜泽逊于山东大学文学院

2021年5月8日

序　二

《记海错》是一本讲述海产的科普专著，译注此书是将其翻译成白话，让读者更方便地阅读，或者说是更进一步地普及。"海错"在《禹贡图》中是对海产的称谓；"错"在这里又有错杂多样的意思，是多种海产的记述。

中国进入现代社会以来，无论生活在内地还是在海边，人们对鱼虾蟹贝海产都不陌生。而据该书中的记载，写作此书的18世纪初叶，"京师人将冰船货致都下"，那时就有人用冰冻的方式将海鱼等海产运到京城了，更何况自20世纪以来，交通进一步发达，人们接触海产的机会更多了。如果说由于运输与保存的代价之高，能吃到海鲜的还大都属于社会上层，而改革开放以来，内地的城市经营生猛海鲜的餐馆比比皆是，人们随时都可以领略到海产的美味儿。有一年南京的一对老夫妇到青岛疗养，对于离开海水就死的梭子蟹煮了吃很不理解，他们在江苏吃大闸蟹必须是活的。这就像审美的差别一样，生活习俗与物产环境决定了人对食物口味的欣赏。

《记海错》的作者郝懿行是胶东栖霞人，清嘉庆年间的进士，经学家、训诂学家，著述颇丰。仅自然科学方面的著述就有四部，《记海错》是其中的一部。他根据地方海产的常识与古籍引证，从训诂的角度出发，加以融会贯通，使此书不仅让生活在海边的人对于多种海产有更深层的认识，也让陆地人对海中物产有所了解。尤其经过译注后的白话文，让读者从历史到风俗，再到人文文化，对海洋物产有更为清晰的了解。纵览此书，除了历史典籍的考证之余，对照原文与译注，大致总结三个特点，在此与方家及读者进行交流。

一、与历史记载及内陆江河水产的对应

由于作者对古籍与训诂的学养，在对所写的海产考证中，不仅引经据典说出在历史上人们的认识，又与内陆江河中相类的水生物进行对应，由此既引导人们的认同，又引申出海产的特点。

譬如在"嘉䰻鱼"条目中，参照了《诗经·周南·汝坟》中有"鲂鱼赪尾"之句与《说文解字》中的"鲯䰻鱼，出东莱"、《广韵》中的"鲯䰻鱼，鳊鱼也"进行考证与对比，得出"鲯䰻鱼"就是嘉䰻鱼的结论，从而廓清了传统的误解。而据《水经·江水注》中记载的长江之东岸有巴乡溪水中有一种鱼头像羊，而嘉䰻鱼头孩童们也拿来装饰为羊头形状，从人文乡俗中找到了相同处。再如"螷"《神农本草经》一书中将其唤为"马刀"。文中说陶隐居注引用了三国时期著名医家李当之的话"生江汉中，长六七寸，汉间人名为'单母'（母，苏颂《图经》作'姥'）"……福建、广东之人，利用水田来养殖蛏，通常叫作"蛏田"。而马刀是"蚬"……此处除了江河水产，还提到了民间养殖的相类物产，应为比较早的涉及。

这种写法，从历史记载中找到名称的依据，更让内地人在读到这本书时，能对应所能见到的江河物产，对海产有感性的认识，可见作者的用心。

二、对传统及民间名称的辨析

海产名称多半是渔民早期根据其形状命名的，然而古籍的记载和民间的叫法却有很大的不同，此文据考证与辨析，寻找其沿袭的脉络，从文字上找到规律。

海参鲍鱼，在民间流传的很广，而历史上却不是这种叫法。鳆鱼，唐代经学家颜师古写道："鳆，海鱼也，音'雹'"；郭璞在注解《三苍》时表述："鳆，似蛤，偏著石。"一个是读音与现在相近，一个是外形描述准确。而晋代郭义恭《广志》描述更详细："鳆，无鳞，有壳，细孔杂杂，或七或九。"作者认为渔民将鳆鱼称为"鲍鱼"是错误的，认为"鲍"是干鱼的别称，而鳆鱼与海螺、蛤蜊属于同一类，并非鱼类，因而作者坚持沿用鳆鱼的叫法。而海参则被叫作"土肉"，来自《临海水土异物志》。作者却因"将其出售至远方，食用的人感觉非常珍贵，称呼它为'海参'，大概因为海参对于人的进补作用如海参一样"。他坚持海参的叫法，尊崇了民间

的约定俗成。

青岛原有一处盘旋的街道,被称作“波螺油子”,很多人问及“波螺”两字对不对,在这本书中,作者把今天人们发音波螺的两字写作“薄蠃”。书中写道:“海蠃有很多种,其总名叫作海薄蠃……有的蠃大如拳头,壳厚,表面如嶙峋的山势,又像多刺的蒺藜,俗名叫‘招招子’。有一种壳长的叫‘来怜子’,来怜也是蠃蠡的读音改变的结果,或者统称‘薄蠃子’”。

对于海产的名称,也许因为文字简化的缘故,现今的海产研究者不再坚持古时的写法了,其实写作“海螺”似乎更贴近今天人们的理解。然而再下去若干年,是否今天叫法、写法也要经过类似本书作者的历史考证呢?

三、传统生态中的人文文化

在即墨北阡文化遗址中,出土有贝丘人遗迹,距今6 000～7 000年。作者所依据海边民俗的登、莱二府也有贝丘人遗址。据海洋考古学,早期海边的人靠吃有贝壳的海产生存,久之,所弃落的贝壳堆积成山丘状了,因而被称为“贝丘人”。在漫长的历史进程中,对海产的认知,还单纯取决于食用的需求,在这部类科普的著述中,却有人文的描述。

“王余鱼,身体仅有一半。据传说,越王勾践命人将鱼切为细丝,尚未完成,因吴兵追赶,而将残半丢入水中,化为鱼。这种鱼身体只有一半,因而得名‘王余’。”而据作者考证,王余鱼就是偏口鱼。至于其后来叫法的演化是另一回事,但是由此引出一个历史故事,是这部著述的又一个特点。

再如关于虾的描述。其援引《北户录》云:“海中大红虾,长二丈余,头可做杯,须可做簪。其肉可为脍,甚美。”又云:“虾须有一丈者,堪柱杖。”作者还听渔民说,行船于海上,有时见桅杆排排如林,绿色一片,如层峦叠嶂。船夫惊恐失色,皱起眉头,相互告诫,不敢向前。碧色是虾背的颜色,桅杆则是虾须。这种类似于海神娘娘的故事,在海边往往是很流行的,当然也与人们对于海洋生态缺少科学的了解有关。但即便如此,这些带有情节夸张的故事,反映了海边渔民的人文情态。

关于西施舌的故事是另一种。刘通村（锡信）通州人，乾隆六十年（1795）任即墨知县，上级官员多喜欢西施舌，刘通村以逢迎献媚损害百姓利益为由，予以婉言谢绝。历城县令以五十金嘱托购买，通村也不应允。这个故事则反映了作者爱憎分明的立场。关于西施舌的传说，《香祖笔记》卷十中写道："西施舌，海燕所化，久复化为燕"。

而关于百姓生活，作者在"薄赢"条中描述了一幅渔家儿女的情景：儿童、少女争相手提竹篮，等候潮水退去，在浅显的小溪和深深的河湾中，尽情拾取。到傍晚时分，潮水复涨，满载而归。

清嘉庆郝懿行整理著述此书，以具体的海产生物彰显海产业，其用心难能可贵，至今读来仍颇有裨益。李伟刚卓有慧识，为此书做了详尽准确的译注，精神可嘉。

谨以此文与读者共鉴。

韩嘉川

2021 年 5 月 12 日

自　序

我出生在山东省莱州市虎头崖镇一个名为后趴埠村的滨海农村，村庄离海边的直线距离不到500米。尽管家里爷爷、爸爸和叔叔等没有一个人从事渔业，但是我除了对赶海可以收获的小海鲜，如蛤蜊、海蟹、海螺等比较熟悉外，其余海产，尤其是鱼类，也了如指掌。个中原委，或许来自大集上商贩极力推销的吆喝声和每天的盘碟美味，更多的则来自童年的一段美好回忆。

在我上小学的时候，也是30多年前的事情，我们村有一支远近闻名的“杂耍”队，在那个物质短缺、文化贫乏的时代，我对过年的期盼，除了美食新衣外，更多的，便是对这些杂耍的期盼。其“杂耍”内容，分为两类。其一为农村“驴戏”，也称“跑驴”，就是老太太和小媳妇骑在纸糊的驴上，分别由老汉和小伙子牵驴而行，中间还有画成“花脸”的拾粪乞丐插科打诨，引来阵阵哄笑。其二则是我最喜欢的节目——“跑龙”。我们村的“跑龙”与其他村庄的表演形式完全不同，两条红色巨龙，每条由10多人掌控，随着“龙珠”的上下翻飞，几十种纸糊的海产，狐假虎威一般，随龙而舞。那时的我，因个子矮小而骑在爷爷的脖子上观赏，听爷爷说着各种鱼的名字：挺拔、黄姑、上唇短、加吉、刀鱼、箴梁等。懵懂中，大概记住了一些海产的特征，还曾用铅笔在废旧的草稿本上描画着……

或许，这就是我和海产的夙缘。

后来慢慢长大了，因求学就业等原因离开了家乡。随着年龄的增长，乡愁越来越浓，我便开始收集与老家莱州及其海洋相关的文史资料，如《莱州府志》《掖县志》《识小录》《掖乘》等史志等。闲暇时分，我除了卧游于明清时期莱州城内星罗棋布的殿、堂、寺、观，陶醉于“海右称名郡，齐东亦大都”（顾炎武《莱州》）和“东海如碧环，西北卷登莱”（苏轼《过莱州雪后望三山》）的宏伟诗篇之外，我对志书中“海产”一篇更感兴趣，那些接地气的名称，那些惟妙惟肖的描述，童年的回忆一次又一次地浮现于脑海中……

2019年，我偶然遇到了清代嘉庆年间胶东大儒郝懿行所撰的有关海产的图书——《记海错》，童年的记忆再一次被唤醒。展卷阅读，馨香扑面而来，这是古代山东唯一一部专门辨识海洋生物的专著，具有较高的史学价值。《记海错》一书中，郝懿行从经学、训诂学的角度，解释了诸多海产名称及俗称的来历，如胶东地区海螺之名“薄赢”的来历，给读者以茅塞顿开、豁然开朗的感觉。“鳆鱼”之说，让读者知道了“掩始皇尸臭”的鱼的种类；“土肉”之说，让读者知道了“海参”的故名。《记海错》逐渐成了我的枕边书和随身书。阅读中，我经常掩卷沉思、闭目遐想，感觉自己犹如置身于五彩斑斓海底世界中，一边观察着“肌肤洞澈、骨体莹明”的冰鱼，“锐头大口，利齿如锯”的海鳝鱼；一边思考着“生物有智识，无耳目，故不知避人，常有虾依随之。虾见人则惊，此物亦随之而没”的水母与虾相栖相生的现象，“本青绿色，曝干即黑，经霜又白”的多色的海带；一边又为作者对于蟹“跂脚昂首，侧身遥睇，见人数入”的观察和描写拍案叫绝。2019 年 6 月，我毅然以“清嘉庆郝懿行《记海错》译注”为题申报了 2019 年度青岛市社会科学规划项目，并成功获批。

或许，这就是我和海产的缘分。

2020 年，在朋友的引荐下，我认识了山东易华录信息技术有限公司总经理王海博和常务总经理朱梅。山东易华录在“海洋大数据产业化”方面，取得了骄人的成绩，在业内博得了良好的口碑。从 2019 年开始，公司也开始在“数字海洋文化”方向进行布局和业务开展。王总给我的印象，就是第一次见面时，他语调庄重地告诉我说：“公司发展海洋文化，旨在传播独具中国特色与中华内涵的海洋文化，将悠久的海洋历史文化转化为海洋文化软实力，以促进海洋产业的进一步发展。”从他严肃的神情中，我看到了责任感和使命感。

而当我将山东古代海产古籍《记海错》摆在他们面前，并说出自己的“创新性转化和创造性发展”想法时，王总和朱总都表示了赞许。朱总是一位思维敏捷、办事效率高、充满正能量的“工作狂”。我们经常开玩笑地说，每天看看她的朋友圈，便会让你元气满满。朱总很快就组织好团队，对《记海错》的“双创”进行专题研讨，按照她的话说，就是“以《记海错》为契机，扎实推进，加强团队协作，实现海洋文化多维度、全方位、立体式的‘双创’。”

或许，这就是我和海产的机缘。

在此，需要感谢的人还有很多。我的同事洪真老师，精心为我绘制着每一种海产；山东省书法家协会会员、青岛市城阳区文学艺术界联合会副主席杜刊功，为本书题写了书名；青岛知名画家、指画艺术的传承人张春林（小石），为本书创作了封面图样；山东易华录信息技术有限公司的密宁伟、孙嘉君、张新、王彤等，一直在为《记海错》的“双创”思考着、忙碌着……

李伟刚

2021 年 2 月 2 日

CONTENTS | 目　录

附 录

序

农部[1]郝君恂九[2]，自幼穷经[3]，老而益笃[4]。日屈身于打头小屋，孜孜不辍。有余间[5]，记海错一册，举乡里之称名，证以古书而得其贯通，刻画其形亦逼肖[6]也。吾将持此册以语东海波臣[7]，意必有扬鳍鼓鬣[8]，喜其征实不诬者乎！第恐[9]枯鱼[10]过河而泣，曰："宁与若相忘于江湖也[11]。"

甲戌[12]腊日王善宝[13]题于湖南官署

注释

[1] 农部：户部，为掌管户籍财经的机关，六部之一，长官为户部尚书。

[2] 郝君恂九：郝懿行（1757—1825），字恂九，号兰皋，山东栖霞人，清嘉庆年间进士，官户部主事。为清代著名学者，清经学家、训诂学家。长于名物训诂及考据之学，于《尔雅》研究尤深。著有《尔雅义疏》《山海经笺疏》《易说》《书说》《春秋说略》《竹书纪年校正》等书。

[3] 穷经：专心研究经书和古籍。

[4] 笃：专心，一心一意。

[5] 余间：闲暇，空闲。

[6] 肖：像，相似。

[7] 波臣：水族，后也称被水淹死者为"波臣"。

[8] 扬鳍鼓鬣：摆动鱼鳍，摇动细毛。

[9] 第恐：只怕，表示拟测。

[10] 枯鱼：干鱼。

[11] 相忘于江湖：出自《庄子·大宗师》。原指两条鱼因泉水干涸，被迫相互呵气，以口沫濡湿对方来保持湿润。它们不禁怀念昔日在江湖中互不相识、自由自在的生活。

[12] 甲戌：嘉庆十九年（1814）。

[13] 王善宝：福山王懿荣高祖。福山王氏是山东著名的科举世家、文化世家。福山王氏自王显绪、王善宝、王馀英、王德瑛、王兆琛、王祖源、至王懿荣、王

懿桀兄弟，再至王懿荣之子，8世刻书。从雍正至光绪的170年间，共刻书近百种，是山东除曲阜孔氏之外的第二大刻书家族。

译文

户部主事郝恂九先生，自幼专心研究经书和古籍，长大后对于经学的研究更加专心。他每天躬身于低矮的陋室内，孜孜不倦。闲暇时，将海产内容进行编辑整理，成书一册，并将家乡对于各种海产的名称缘起，从古籍中予以论证并使之贯通，对于海产的刻画惟妙惟肖。我将手持这册书，告诉东海的水族们，相信它们肯定摆动鱼鳍，摇动细毛，为其名称缘起论证准确而兴高采烈。只怕干鱼也会过河流泪，说："真想过那种与你互不相识时，在大江、大湖中自由游动的生活啊。"

嘉庆十九年（1814）十二月初八王善宝题于湖南官署

记海错

海错[1]者，《禹贡图》[2]中物也。故书雅记[3]，厥类实繁[4]。古人言矣而不必见，今人见矣而不能言。余家近海，习[5]于海久，所见海族，亦孔[6]之多。游子思乡，兴言[7]记之。所见不具录[8]，录其资[9]考证者，庶补《禹贡疏[10]》之阙略[11]焉。

时嘉庆丁卯、戊辰书

注释

[1] 海错：众多的海产品。《尚书·禹贡》："厥贡盐絺，海物惟错"。《孔传》："错，杂非一种"。后因称各种海味为海错。

[2]《禹贡图》：全称《禹贡地域图》，约成书于西晋泰始四年（268）至七年，作者为魏晋时期名臣，地图学家裴秀。此书是中国文献可考的最早的历史地图集。

[3] 雅记：历代载籍正史。

[4] 厥类实繁：其种类繁多。

[5] 习：对某事物常常接触而熟悉。

[6] 孔：文言副词，很。

[7] 兴言：心有所感，而发之于言。

[8] 具录：完毕、详细地录入。

[9] 资：有助于。

[10] 疏：古书的比"注"更详细的注解，"注"的注解。

[11] 阙略：欠缺，不完整。

译文

海错，《禹贡图》中所载之海产。历代诸多书籍予以整理，海产类别确实很多。古人所记载的，我们不一定见到，而现在人所见到的，却不能记述。我家住在海边，对于大海颇为熟悉。我所见的海产，数量也特别多。离家的游子，思乡心切，于是有感而发，将海产予以记录。所能见到的海产，我没有完全录入书中，只是录入那些有助于考证的，从而弥补《禹贡疏》中的欠缺内容。

时嘉庆十二(1807)至十三年书

嘉鯕鱼

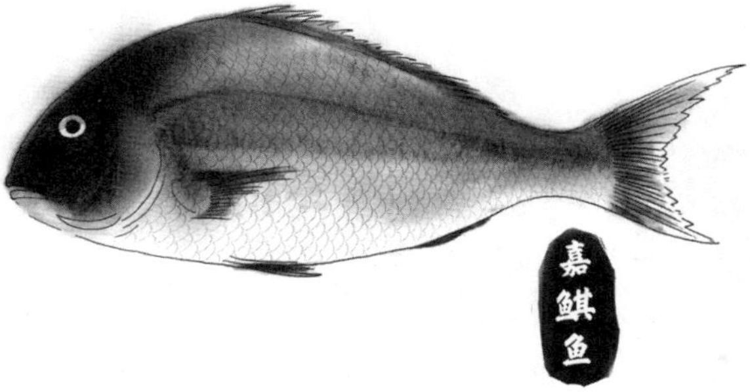

登、莱[1]海中有鱼，厥[2]体丰硕，鳞鳍赪紫[3]，尾尽赤色（《诗》言鲂鱼赪尾；[4]，此近似之）。啖之肥美，其头骨及目多肪腴[5]，有佳味。率[6]以三四月间至，经宿味辄败。京师人将冰船[7]货致都下[8]，因其形象，谓之大头鱼，亦曰海鲫鱼。土人谓之嘉鯕鱼。案[9]，许氏《说文》：“鲯鯕鱼，出东莱。”《广韵》[10]云：“鲯鯕鱼，鳊鱼也。”谓之鳊鱼，亦因其形似耳。其鳞色赤黑者，谓之海鲯，味不及嘉鯕。许云出东莱者，今兹鱼独登莱有之（旧唯出登州，故海人言嘉鯕不过三山[11]，今亦过莱而西矣）。是鲯鯕即嘉鯕（读如基），盖一物二种或古今异名也。又《水经[12]·江水注》云：“江之左岸有巴乡[13]，村人善酿酒，村侧溪中有鱼，其头似羊，丰肉少骨，美于余鱼。”余谓今嘉鯕头骨，童儿[14]掇拾插点为羊，其首颅乃逼肖，又丰肉少骨，美于余鱼，郦注所称，疑为一物，唯生于江、海为异耳。亦犹“鱼枕象丁[15]”而“鱼尾象丙”之类矣。因感《尔雅》[16]之文而辨证[17]于此（此一条，丙寅年秋八月，读《水经注》，因记之）。

注释

[1] 登莱：登州府与莱州府。清代嘉庆年间登州府治蓬莱，下辖宁海州、蓬莱县、黄县、福山县、栖霞县、招远县、莱阳县、海阳县、荣成县和文登县。莱州府治掖县，领辖平度州、胶州二州以及掖县、潍县、昌邑县、高密县、即墨县五县。

[2] 厥：代词，相当于“其”。

[3] 赪紫：浅紫色。

[4] 鲂鱼赪尾：引自《诗经·周南·汝坟》："鲂鱼赪尾，王室如毁。"《毛传》："赪，赤也；鱼劳则尾赤。"朱熹《集传》："鲂尾本白而今赤，则劳甚矣。"意指鲂鱼疲劳时，白尾会变成红色。故用以比喻生活极劳苦。

[5] 肪腴：油脂和肥肉。

[6] 率：大概，大略。

[7] 冰船：古代用以保鲜的"冷藏船"。古代海鲜"以冰养之"，运到远处，谓之"冰鲜"。"以冰养之"的储藏方法，中国古人最迟在明代就已经运用得十分普遍了。有人将这种"冰船"，称为世界上最早的"冷藏船"。

[8] 货致都下：贩卖至京都。都下：京都。

[9] 案：同"按"，在正文之外所加的说明或论断。

[10]《广韵》：全称《大宋重修广韵》，五卷，是中国北宋时代官修的一部韵书，宋真宗大中祥符元年(1008)，由陈彭年、丘雍等奉旨在前代韵书的基础上编修而成，是中国历史上完整保存至今并广为流传的最重要的一部韵书，是中国宋以前韵的集大成者。

[11] 三山：今山东莱州三山岛，三山岛位于今莱州城北27千米处，原是海中岛屿，后经沧桑之变，与陆地相连，成为半岛。三山毗连，突兀挺拔，俯临海岸，风光秀丽，自古便有海上"三神山"之称。三山也是八主祠中祭祀"阴主"之地。

[12]《水经》：中国历史上第一部记述水系的专著，相传为东汉学者、著名地理学家桑钦所著。后北魏郦道元为此书作注，即为《水经注》。

[13] 巴乡：今重庆云阳龙洞镇。

[14] 童儿：儿童。

[15] 鱼枕象丁：引自《尔雅·释鱼》，"'鱼枕谓之丁，鱼肠谓之乙，鱼尾谓之丙'。乙之象鱼肠，丙之象鱼尾，可无庸说。"即鱼枕骨在鱼头骨中，形似篆书"丁"字；鱼尾形似篆书"丙"字。鱼枕，也作"鱼魫"，鱼头骨，可制器或做窗饰，亦可饰冠。

[16]《尔雅》：中国最早的一部解释词义的专著，是中国古代最早的词典，也是第一部按照词义系统和事物分类来编纂的词典。"尔"是"近"的意思，"雅"是"正"的意思，在这里专指"雅言"，即在语音、词汇和语法等方面都合乎规范的标准语。

[17] 辩证：辨析考证。

译文

登州府、莱州府海域中产一种鱼，名嘉鯕鱼。其鱼体丰硕，鱼鳞和鱼鳍呈现浅紫色，鱼尾则为红色（《诗经·周南·汝坟》中有“鲂鱼赪尾”之句，应与嘉鯕鱼相类）。嘉鯕鱼吃起来味道肥腴鲜美，鱼头骨及鱼眼处肉较多，为海味佳品。嘉鯕鱼大概三四月间为捕捞期，但是保鲜时间较短，一过夜其味道就大打折扣了。京城商人驾乘冰船将嘉鯕鱼运至京都，根据其身体外形，称之为大头鱼，也叫海鲫鱼，而登州府、莱州府当地人称为嘉鯕鱼。按，许慎《说文解字》说：“鲅鯕鱼出东莱。”《广韵》中说：“鲅鯕鱼，鳊鱼也。”称为鳊鱼，也是因其形状而得名。鳞色为暗红色的，叫作海鲅鱼，其味道不及嘉鯕鱼鲜美。许慎所写的“出东莱”，当下嘉鯕鱼仅在登莱二府出产（旧时唯有登州府出产，所以渔民曾说嘉鯕过不了三山岛，目前其出产地已经超过了莱州府且更西）。“鲅鯕鱼”就是嘉鯕鱼，大概是一种海产的两个种类或者古今名称不同罢了。《水经·江水注》中记载，长江之东岸有巴乡（今重庆云阳龙洞镇），村里人以酿酒为长，村边溪水中有一种鱼头像羊的鱼，这种鱼肉多骨少，其味道比其他鱼类鲜美。我想说的是，嘉鯕鱼头骨，孩童们拿来拾掇装饰为羊的形状，其中羊头最像，且也是肉多骨少，味道远胜于其他鱼类。郦道元《水经注》所称的那种鱼，大概就是嘉鯕鱼，只不过是因为生于江中或海中而不同罢了。也就像《尔雅·释鱼》中所写“鱼头骨像‘丁’字，鱼尾巴像‘丙’字，可无庸说。”因阅读《尔雅》中“释鱼”一文，故推理于此［这一条，嘉庆十一年丙寅年（1806）秋八月，阅读了《水经注》，所以记于此］。

【常用中文名】嘉鯕鱼

【别名、俗名】加腊　家鸡鱼　海鲫鱼　加吉鱼　加级鱼

【分　　类】鲈形目鲷科

【形态特征】嘉鯕鱼体呈长椭圆形，侧扁；背面钝圆，从背鳍前部向吻部逐渐倾斜。头较大，前端稍尖。眼中等大，位偏背方。眼间隔宽，隆起，稍大于眼径。鼻孔两个，紧位于眼前方，前鼻孔小，圆形；后鼻孔稍大，椭圆形。口略小，前位，稍斜。上、下颌骨约等长。体被薄栉鳞，鳞片中等。背鳍及臀鳍基部均具鳞鞘，基底被鳞。臀鳍小，胸鳍大，长于腹鳍，尾鳍叉形。体色呈淡红色，腹部为白色，背部零星分布蓝色小斑点。

【分布范围】嘉鯕鱼为近暖海水底层鱼类，分布于印度洋北部沿岸至太平洋中

部，包括中国、印度尼西亚、日本、韩国、菲律宾海域。在中国沿岸的嘉䱻鱼可分为黄海和渤海、东海及福建南部、广东近海三大种群，其中以黄海和渤海种群最大。

【生活习性】嘉䱻鱼栖息于岩礁、沙泥底质海区。喜结群，游泳较为迅速，生殖季节游向近岸。属杂食性鱼，主要摄食底栖甲壳动物、软体动物、棘皮动物和藻类等。

【价　　值】嘉䱻鱼个体大，柔嫩味美，为名贵食用鱼，经济价值高。除供食用外，肉和鳔可作药用。肉可补肾益气、治血养血。鳔可用以清热消炎。

魱鮥鱼

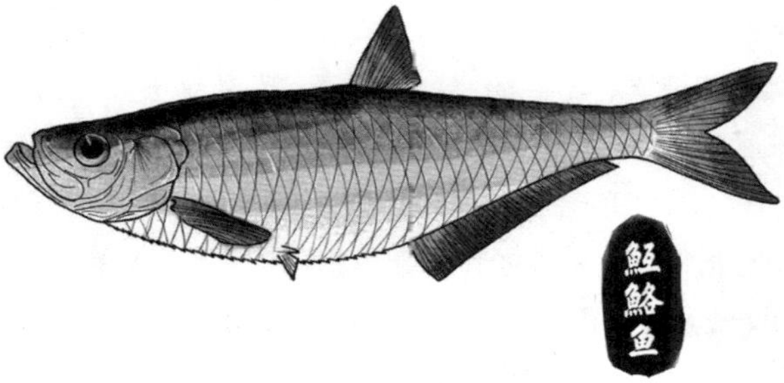

《尔雅·释鱼》云:"鮥,当魱"。郭璞[1]注云:"海鱼也,似鳊而大鳞,肥美,多鲠[2],今江东呼其最大长三尺者当魱。"余案此即今之魱鮥鱼。海人或谓之鲞鱼,非也(鲞,音想,俗字也。按为《香祖笔记》[3]二云:"《山海经》:何罗鱼,出谯明山谯水中,声如吠犬,食之已疟[4]。今登莱海上三月,何罗鱼始至,味甚美,即宁波之鲞也"。渔洋[5]此说盖误)。魱,郭璞音"胡",一音"互"。鮥,吕忱[6]音"格"。今登莱人读"魱"音如"河","鮥"音如"洛",盖"胡河"声转"格洛",皆古音也。郭云"海鱼",正指此。而近人说《尔雅》者,以为今之鲥鱼[7],误矣。魱鮥、鲥鱼虽同类之物,出于江海则异。今验魱鮥,鳞有异采[8],入夜光明。鲥鱼质微小而鳞采尤殊,妇人用饰花钿[9]也。形俱以鳊,大鳞而多骨,啖者畏之。又《释鱼》:"鮥当魱,与鮥、鯠、鲔连文[10]"。陆德明《音义》[11]于"鮥"云:"《字林》[12]作:鮥,巨救反"[13];于"鮥"云:"《字林》作:鮥,音格,云当魱也"。然则吕忱所见《尔雅》,本作"鮥"当"魱",与今本异。证以登莱人魱鮥之读,当由自古相传以为然。吕所见,必是汉魏以来古本也。

注释

[1] 郭璞(276—324):字景纯,河东闻喜(今山西闻喜)人。东晋文学家与思想家。博学高才,好古文诗赋,富文采。又精通阴阳历算五行卜筮之术,后因卦筮违逆王敦,被杀。曾为《尔雅》《山海经》《方言》《楚辞》等书作注。

[2] 鲠：鱼骨。

[3]《香祖笔记》：《香祖笔记》（十二卷）是清初诗文泰斗王士禛先生继《居易录》《池北偶谈》《皇华纪闻》诸书之后的又一部重要笔记著作，撰述时间起自康熙四十一（1702）至四十三年。所记内容十分广泛，充分展示出渔洋先生当时虽已年届古稀，却依然保持着广采博闻、严谨不苟的治学态度。

[4] 已疟：治愈疟疾。

[5] 渔洋：王士禛，字子真，一字贻上，号阮亭，又号渔洋山人，世称王渔洋，山东新城（今山东桓台）人，清初诗人、文学家、诗词理论家。王士禛为清顺治十五年（1658）进士，康熙四十三年（1704）官至刑部尚书，颇有政声。谥文简。好为笔记，有《池北偶谈》《古夫于亭杂录》《香祖笔记》等。

[6] 吕忱：字伯雍，任城（今山东济宁东南）人，西晋文字学家。《韵集》作者吕静之兄。作《字林》，增补《说文解字》所未备。

[7] 鲥鱼：又称为鲥，别名鲙、黎氏鲥、生鳓、时鱼、三黎鱼、三来鱼等。分布于中国的南海、东海、黄海以及菲律宾和朝鲜半岛南部等地，是中国珍贵的溯河洄游性鱼类。

[8] 异采：异彩，不同的颜色。

[9] 花钿：古代女子贴在两鬓、眉间或面颊上的一种花朵形的装饰物。花钿有红、绿、黄三种颜色，以红色为最多。以金、银制成花形，蔽于脸上。

[10] 连文：二字相连，组成词语。

[11] 陆德明《音义》：魏晋以后，随着音韵学的发展，解经典籍中的音注著作大量增加。晋代的徐邈对“五经”都做了音训，成为当时诸经音注的典范。为经书作音注声训的传统，到唐代有进一步的发展，出现了一批为经文注音的解经典籍。其中，陆德明的《经典释文》成就最大，他的音训做到音与义结合，注一不同的音，即表达一种不同的解释。全书36卷，搜采汉魏以来凡230余家而遍注群经。后来宋儒刊刻《十三经注疏》时，将《经典释文》内容散于各经注释中，称为陆德明《音义》。

[12]《字林》：晋代吕忱所著的一本古代字书，共收入字12 824个。此书按照《说文解字》540部首排列，已佚。《隋书·经籍志》题，晋弦令吕忱撰，7卷。

[13] 巨救反：古代的反切注音法。上字取声母，下字取韵母和声调。

译文

《尔雅·释鱼》一篇中写道，“鮥，当魟”。郭璞在注解时说：“这是一种海鱼，外形似鳊鱼，鱼鳞较大，吃起来味道鲜美，美中不足是鱼刺较多，今江东地区把最大长三尺者叫作魟。”我考究推断，也就是现在的魟鮥鱼。海边渔民有些称呼它为鲞鱼，这是不正确的（鲞，发音同“想”，是通俗写法的字。考据《香祖笔记》卷二中载：“《山海经》中说：何罗鱼，出产在谯明山谯水中，鱼叫起来声音像犬吠，食用鲞鱼可以治愈疟疾。如今登、莱二府每年三月，大量何罗鱼开始溯潮而上，其味道鲜美，也就是宁波所产的鲞鱼。”王渔洋先生这个说法好像不太准确）。“魟”字，郭璞注解其发音为“胡”或者“互”。“鮥”字，吕忱注解其发音为“格”。如今登、莱二府人往往将“魟”字读成“河”音，“鮥”字读成“洛”音，大概是“胡河”声转为“格洛”的原因，皆为古音读法。郭璞说，“魟鮥，一种海鱼”，说的就应该是这种鱼。然而近代一些研究者认为，《尔雅》一书将魟鮥鱼和鲥鱼等同了起来，是不正确的。魟鮥和鲥鱼虽然是同种鱼类，但是不同的是，魟鮥出自海中，而鲥鱼出自江中。我们看看魟鮥鱼，其鳞片颜色纷呈，夜间观察，也是身体发光的。鲥鱼体型较小，然而鳞片颜色尤其特别。妇人经常用它来装饰贴在两鬓、眉间或面颊上的一种花朵形的花钿。魟鮥鱼、鲥鱼形状像鳊鱼，鳞片略大，鱼骨较多，食用的人会比较担心。《释鱼》中还写道，魟字，往往与鮥、鯀、鲔等字组成词语。陆德明《音义》一书中说，“鮥”字，《字林》中解释为：“鮥，巨救反”；“鮥”字，《字林》中解释为：“鮥，发音为‘格’，应当是‘魟’字”。然而《字林》的作者吕忱所见《尔雅》版本，是使用“魟”字代替“鮥”字，和今天看到的《尔雅》版本不同。以登、莱二府认对于“魟鮥”的读音予以佐证，可知其读音应该是自古代相传而来。吕忱所见的《尔雅》版本，一定是两汉、魏晋以后的古本。

【常用中文名】白鳞鱼

【别名、俗名】魟鮥鱼　何罗鱼　火鳓鱼　鲙鱼

【分　　类】鲱形目锯腹鳓科

【形态特征】白鳞鱼体长而宽，侧扁；背缘窄，腹缘有锯齿状棱鳞。头侧扁，头背后方略高。吻钝，上翘。眼大，侧上位；脂眼睑发达，遮盖眼的一半。眼间隔中间平。鼻孔约位于吻端和眼之间。口小，向上，近垂直。口裂短，前颌骨和上颌骨由韧带连接。体被薄圆鳞，鳞片前部密布横沟线，后部边缘光滑。背鳍起点距吻端和距尾鳍基底约相等，臀鳍始于

背鳍基底中间下方；胸鳍甚小，位于背鳍前下方，尾鳍呈宽叉形。体银白色，体背、吻端、背鳍和尾鳍呈淡黄绿色，其他各鳍为白色。

【分布范围】白鳞鱼分布于印度洋北部沿海，北至俄罗斯东部大彼得湾，中国沿海均产。

【生活习性】白鳞鱼为近海洄游性中上层鱼类，游泳迅速。水温低时一般栖息于外海，水温高时游近海岸。有昼夜垂直移动现象。潮水流缓时，其活动水层较浅，潮大流急时活动水层较深。生殖季节向近岸结群洄游。

【价　　值】白鳞鱼味鲜肉细，营养价值极高，其蛋白质、脂肪、钙、钾、硒含量均十分丰富。白鳞鱼富含不饱和脂肪酸，具有降低胆固醇的作用，有利于防止血管硬化、高血压和冠心病等。

鲻鱼

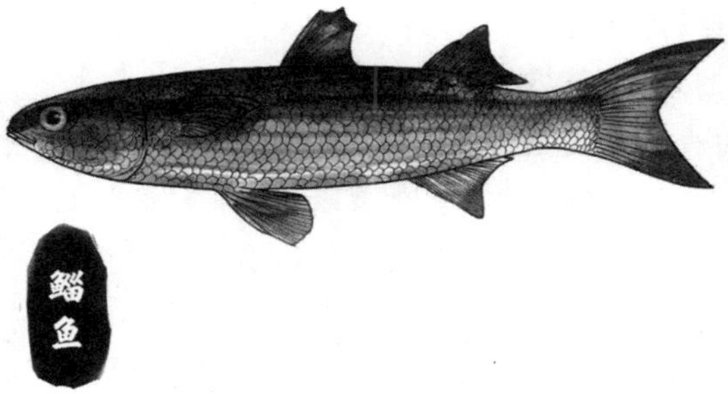

《吴志[1]•吴范刘惇赵达传》裴松之[2]注引葛洪[3]《神仙传》曰:“仙人介象、吴主[4]共论脍鱼[5]何者最美。象曰:‘鲻鱼为上。’吴主曰:‘此出海中,安可[6]得邪?’象曰:‘可得耳。’乃令人于殿庭中作方坎[7],汲水满之,垂纶[8]于坎中。须臾,果得鲻鱼。吴主惊喜。”唐慎微《大观本草》[9]云:“鲻鱼似鲤,身圆,头扁,骨软,生江海浅水中。”余案,鲻之言缁[10]也,其色青黑,而目亦青。又有梭鱼[11],其形与鲻鱼同,唯目作黄色为异,当是一类两种耳。其肉作脍并美。故吴主云尔,而以为出海中。今登莱海上,冬春间多有之。《广韵》云,“鲻,侧持切,鱼名即此。”梭鱼出文登海中者佳,以冰泮[12]时来,彼人珍之,呼“开凌梭”。

注释

[1]《吴志》:也作《吴书》,是指《三国志》全书65卷中的吴国传记部分。《三国志》中《魏书》30卷,《蜀书》15卷,《吴书》20卷。其中,《吴范刘惇赵达传》为第63卷。

[2]裴松之(372—451):字世期,河东郡闻喜县(今山西省闻喜)人,东晋、刘宋时期官员、史学家,为《三国志注》的作者,与其子裴骃、曾孙裴子野并称为“史学三裴”。

[3]葛洪(283—363):字稚川,自号抱朴子,丹阳郡句容(今江苏句容)人,东晋道教理论家、著名医药学家。著有《抱朴子》70卷,《碑颂诗赋》100卷,《军

书檄移章表笺记》30 卷,《神仙传》10 卷,《隐逸传》10 卷;又抄五经七史百家之言、兵事方技短杂奇要 310 卷。另有《金匮药方》100 卷,《肘后备急方》4 卷。惟多亡佚。

[4] 吴主:孙权。

[5] 脍鱼:将鱼肉切成薄片。

[6] 安可:哪里能够;怎么能够。

[7] 坎:低陷不平的地方,坑穴。

[8] 垂纶:垂钓,后也代指隐居或退隐。

[9]《大观本草》:本草著作,宋代唐慎微著,全称《经史证类大观本草》。系大观二年(1108)重修《经史证类备急本草》后所改的书名。

[10] 缁:黑色。

[11] 梭鱼:此鱼头短而宽,鳞片很大。背侧青灰色,腹面浅灰色,两侧鳞片有黑色的竖纹。为近海鱼类,喜栖息于江河口和海湾内,亦进入淡水。性活泼,善跳跃,在逆流中常成群溯游,吃水底泥土中的有机物。体型较大,产于中国南海、东海、黄海和渤海。

[12] 冰泮:亦作"冰冸",指冰冻融解,一般指农历仲春二月。

译文

《吴志·吴范刘惇赵达传》的注解者裴松之,在注解时引用了葛洪《神仙传》中的故事。故事中说,仙人介象和吴王孙权共同谈论鱼宴之妙。介象说:"鲻鱼为上品。"孙权说:"鲻鱼出产海中,我们怎么能够获得呢?"介象说:"不难,可以得到"。于是他命令手下在庭院中挖开方形水坑,用水灌满,然后将钓钩置于方坑以内。不一会儿,便钓到了鲻鱼,吴王孙权又惊又喜。宋代《大观本草》的作者唐慎微在书中写道:"鲻鱼,形状像鲤鱼,身体圆润,鱼头稍扁,鱼骨不硬,生活在江和海的浅水之中。"据我推究,"鲻",也就是"缁"字,意思是这种鱼颜色为黑色,眼睛也是黑色。还有另外一种鱼名叫梭鱼,其形状和鲻鱼相近,唯一不同的是,梭鱼的眼睛是黄颜色的,应该是同一类别鱼类的两种。梭鱼肉吃起来也是非常鲜美的,所以孙权说了那样的话,认为鲻鱼和梭鱼一样,生于海上。目前登州府、莱州府海上,冬天到开春之间,产鲻鱼。《广韵》中说:"'缁',侧持切,指鱼名。"梭鱼,文登海中捕捞获得的最好,一般在农历仲春二月冰冻融解时溯潮而来,食客们非常珍爱,称为"开凌梭"。

【常用中文名】鲻鱼

【别名、俗名】白眼　乌头　乌鲻　脂鱼　丁鱼

【分　　类】鲻形目鲻科

【形态特征】鲻鱼体延长，前部亚圆筒形，后部侧扁。头中大，吻宽短，约与眼径等长或稍长。口小，亚腹位，口裂呈“∧”形。上颌骨完全被眶前骨盖住，后端不露出，平直，不弯曲。上唇发达，下唇边缘锋利。眼中大，圆形，前侧位；脂眼睑发达，盖住眼的前后部。鼻孔每侧两个，位于眼的前上方，前鼻孔圆形，后鼻孔裂缝状。鳞大，头部被圆鳞，体被弱栉鳞。背鳍两个，臀鳍较大；胸鳍位于上侧位，较宽大。腹鳍位于胸鳍基底后下方，短于胸鳍。尾鳍分叉。体侧背面青灰色，腹部白色，体侧上半部有数条暗色纵带。各鳍浅灰色，胸鳍基部有一黑色斑点。

【分布范围】鲻鱼分布于世界各地，中国沿海均产。

【生活习性】鲻鱼栖息于浅海或河口的咸淡水交汇处。性活泼，常在水面上跳跃。对环境适应能力强，在不同盐度的水中均能生长。幼鱼在海湾、河口索饵。鱼苗具趋光性，对低盐度的水有明显的趋流性。稚鱼主要摄食桡足类幼体、猛水蚤等。随着生长发育，食物逐渐由动物性转为植物性，吞食海底淤泥，从中摄食底栖硅藻如海毛藻、菱形藻等。

【价　　值】鲻鱼肉味鲜美，含脂量高，经常被作为宾馆酒楼的海鲜佳肴。鲻鱼可以在淡水、咸淡水和咸水中生活，是中国南方沿海咸淡水养殖的主要经济鱼类之一，也是世界上分布最广的重要经济鱼类之一。鲻鱼还有补虚弱，健脾胃的作用，对于消化不良、小儿疳积、贫血都有一定的辅助疗效。

老般鱼

老般鱼者，老盘鱼也。《太平御览》[1]九百三十九引《魏武四时食制》[2]曰，"蕃踰鱼（一曰蕃羽鱼），如鳖，大如箕[3]，甲上边有髯[4]，无头，口在腹下，尾长数尺，有节，有毒，螫人。"《文选[5]·江赋[6]》注引《临海水土异物志》[7]曰："鲼鱼如圆盘，口在腹下，尾端有毒。"余案，此物即今之土鱼，形与老般无异。唯微厚，腹色黄，俗呼为黄裹，大者为黄金牛。头与身连，非无头也。尾如彘[8]尾而无毛，有刺如针，螫人立毙。陈藏器《本草拾遗》[9]谓之海鹞鱼，一名蕃遢鱼（"遢"疑当作"羽"），一名鲼鱼，一名荷鱼，一名少阳鱼（少亦作邵），凡有数名。核其形状，与老般鱼皆即一类，而老般鱼实无毒，状如长柄荷叶，故亦名荷鱼。又形颇近隶书"命"字，俗人因呼"命鱼"也。《食制》云"如鳖"，非也。形乃正圆如盘。般，古音同盘，故知老般即老盘也。体有涎腥[10]，软甲，甲边髯皆软骨，骨如竹节正白。然其肉，蒸食之美也，其骨柔脆[11]，亦可啖之。

注释

[1]《太平御览》：宋代著名的类书，由李昉、李穆、徐铉等学者奉敕编纂。该书始于宋太宗太平兴国二年（977）三月，成书于太平兴国八年（983）十月。《太平御览》采以群书类集之，凡分 55 部 550 门而编为 1 000 卷，所以初名为《太平总类》，据说书成之后，宋太宗每天看 3 卷，用时一年阅读完毕，所以又更名

为《太平御览》。全书以天、地、人、事、物为序，可谓包罗古今万象。书中共引用古书 1 000 多种，保存了大量宋代以前的文献资料，但其中十之七八已经亡佚，更使该书显得弥足珍贵，是中国传统文化的宝贵遗产。

[2]《魏武四时食制》：曹操著，已佚。其文三要保存在《颜氏家训》和《太平御览》中。此书主要记载了各地水产的产地与烹饪技法。

[3] 箕：用竹篾、柳条等制成的扬去糠麸或清除垃圾的器具。

[4] 鬐：须。

[5]《文选》：书全名《昭明文选》，又称《文选》，是中国现存最早的一部诗文总集，由南朝梁武帝的长子萧统组织文人共同编选。萧统死后谥"昭明"，所以他主编的这部文选称作《昭明文选》。一般认为，《昭明文选》编成于梁武帝普通七年（526）至中大通三年（531）之间，收录了自周代至六朝梁七八百年间 130 多位作者的诗文 700 余篇。

[6]《江赋》：东晋文学家郭璞创作。此赋首先叙述长江的发源地及其流程，接着写江流所经之郡县城邑、山岭平原、汇总的大小河流、接连的湖泊薮泽，然后记叙了长江两岸的鸟兽草木、稻麦果实、神仙灵怪、历史传说，最后描绘了江面上往来如梭或渔或商的舟船。

[7]《临海水土异物志》：三国时期吴国人沈莹所著，是一部三国时东南沿海风土物产杂记。最早署录于《隋书·经籍志》，作《临海水土异物志》一卷；《旧唐书·经籍志》《新唐书·艺文志》亦加著录，均作《临海水土异物志》一卷。书至宋朝而亡佚。

[8] 彘：本指大猪，后泛指一般的猪。

[9]《本草拾遗》：本草著作，一名《陈藏器本草》，10 卷，唐代本草学家陈藏器撰于唐玄宗开元二十七年（739）。该书以《神农本草经》虽有陶弘景、苏敬补集之说，然遗逸尚多，故为《序例》1 卷、《拾遗》6 卷、《解纷》3 卷，总曰《本草拾遗》。原书已佚，其文多见于《医心方》《开宝本草》《嘉祐本草》《证类本草》引录。

[10] 涎腥：有腥气的黏液。

[11] 柔脆：柔而易折，软而易碎。

译文

老般鱼，也叫老盘鱼。《太平御览》卷九百三十九引用了《魏武四时食制》说："蕃踰鱼（一作蕃羽鱼），形状如鳖，大如簸箕，鱼体周围有如须的硬毛，鱼无头，鱼口位于鱼体腹部，鱼尾有数尺之长，分节，有毒性，好螫人。”《文选·江赋》一篇引用了《临海水土异物志》中的描述：“鲼鱼，形如圆盘，口在腹下，尾端有毒。”据我考查，这种鱼就是现在的土鱼，其形状与老般鱼相差不大。只是厚度稍厚，鱼腹黄色，我们通常喊作“黄裹”，较大的我们叫作“黄金牛”。鱼头与鱼身相连，并非没有鱼头。鱼尾和猪尾相似，但是无毛，尾巴上有刺，像针一般，螫人立毙。唐代本草学家陈藏器在《本草拾遗》一书中，称为海鹞鱼，也叫蕃遢鱼（“遢”疑当作“羽”）、鲼鱼、荷鱼、少阳鱼（少亦作邵），名称多种。核其形状，它们与老般鱼皆属一类。然而老般鱼没有毒性，形状像长柄荷叶，所以也有荷鱼之名。又因为其形状与隶书“命”字相像，所以当地人也叫它命鱼。《魏武四时食制》中所说的“如鳖”，是不对的。老般鱼形状正圆，如盘子一般。般，古音读“盘”，故知“老般”即“老盘”也。老般鱼体表有黏液，味道腥，鱼肤柔软，鱼体边上的硬毛皆软骨，鱼骨纯白色，如竹节般。然而老般鱼肉，蒸食尤美，鱼骨软而脆，也可以食用。

【常用中文名】老板鱼

【别名、俗名】老般鱼　命鱼　犁头鳐　老盘鱼

【分　　类】鳐形目鳐科

【形态特征】老板鱼体平扁，略呈亚圆形或斜方形。体盘宽比体盘长为大。尾平扁狭长，侧褶很发达。吻中长，吻端突出。眼小，椭圆形。喷水孔比眼小，前缘伸达眼后部下方。鼻孔狭长，鼻间隔宽。口中大，平横，上颌中部凹入，下颌中部凸出。牙齿小而密列，齿头细尖或者平扁。幼体光滑，成体的背、腹面常具小刺多群。胸鳍前延，伸达近吻端。腹鳍前部特化呈足趾状。背鳍呈半圆形，位于尾的后部。尾鳍小，下叶退化。体背呈褐色，肩区两侧常具暗色圆斑一对。胸鳍里角上方也常具一圆斑，体盘上有时具暗色斑块，长大者背部纯褐色，吻两侧色淡，腹面淡白色或灰褐色，具许多黑色黏液孔。

【分布范围】老板鱼分布于中国、朝鲜、日本。中国产于东海、黄海、渤海。孔鳐在鳐类中产量最大。

【生活习性】老板鱼属温水性小型鳐类，栖息在较寒海区沙底，常浅埋沙中，露出眼和喷水孔，白日潜伏，晚上活动觅食。主要食甲壳动物、软体动物和小鱼等。卵生，每次产 1 ~ 2 枚卵，休息一至数日再产。卵壳扁长方形，四角具角状突出，密具丝状黏性细条，附于藻、碎贝壳或石块上。刚孵出仔鱼体长约 9 厘米。

【价　值】老板鱼为黄海和东海的次要经济鱼类，肉可食。蛋白质含量高，易吸收，有利于幼儿、儿童及青少年生长发育。富含DHA和碘，以及磷、铜、镁、钾、铁等元素。

鰦鱼

登莱海中，有鱼灰黑色，无鳞有甲，形似鲐鱼[1]，而其背无黑文[2]，体复长大。其子[3]压干，可以饷远[4]。俗人谓之鲅鱼，然鲅非鱼名也。余案，《广韵》四十祃，“皻”纽下有鰦字，白驾切，云海鱼也。是鲅，当作鰦矣！

注释

[1] 鲐鱼：别名鲐鲅鱼、鲐巴鱼、青花鱼、油鱼、油胴鱼、鲭鱼、花池鱼、花巴、花鳀、青占、花鲱、巴浪、日本鲐等，属辐鳍鱼纲鲈形目鲭科，系暖水性近海中上层鱼类。鲐鱼游泳能力强，能做远距离洄游。有驱光性，每年夏季结成大群到近海生殖，为北太平洋西部主要经济鱼类。在中国，鲐鱼主要产于黄海、渤海、东海和南海等地区。

[2] 文：花纹。

[3] 子：动物的卵，此处指鱼子。

[4] 饷：供给或提供食物，以招待客人。

译文

登州、莱州二府海中，有一种鱼，颜色灰黑，没有鱼鳞，却长着硬鳍，它的形状很像鲐鱼，然而其背部没有像鲐鱼那样的黑色花纹。鰦鱼和鲐鱼一样，鱼体较长。鰦鱼的鱼子压干，可以保存很久，以便随时享用。当地人往往称呼它为鲅鱼，然而,“鲅”不是鱼的名字。据我考究,《大宋重修广韵》一书中,“犮”字为偏旁的有“鲅”字,读音为“白驾切”,说是一种海鱼。也就是鲅鱼,应该写为“鲅鱼”。

【常用中文名】鲅鱼

【别名、俗名】蓝点马鲛　燕鱼

【分　　类】鲈形目鲅科

【形态特征】鲅鱼体延长,侧扁。背缘及腹缘微曲,以第二背鳍起点处为最高,向后逐渐变细。尾柄细。头中等大,头长大于体高。背面圆凸,两侧平坦,腹面向后倾斜。鱼吻长,前端尖。眼较小,位于头中部体轴上。眼间隔宽凸。鼻孔每侧两个。牙强大,侧扁,尖锐,排列稀疏。体被细小圆鳞,侧线位高,始于腮盖后上角,呈不规则的波状纹。背鳍两个,两鳍间距离甚小。臀鳍与第二背鳍同形,胸鳍、腹鳍短小。尾鳍大,分叉深。体背部呈蓝黑色,腹部呈银灰色。沿体侧中央有数列黑色圆形斑点。背鳍呈黑色,腹鳍、臀鳍呈黄色。胸鳍呈浅黄色,有黑色边缘,尾鳍呈灰褐色。

【分布范围】鲅鱼分布于中国、朝鲜、日本。中国产于东海、黄海、渤海。

【生活习性】鲅鱼为近海暖温性中上层鱼类。性凶猛,行动敏捷,成群捕食小型鱼类,常于清晨、黄昏、月亮初上或月落时起浮。每年春初水温回升,从深海分批向沿海港湾作生殖洄游。产卵后鱼群往北,向外海分散索饵。入秋后水温下降,鱼群由北往南洄游,在外海越冬。

【价　　值】鲅鱼属经济食用鱼类。鲅鱼肉质细腻、味道鲜美、营养丰富。它含有丰富的蛋白质、维生素、钙、碘等营养物质,对贫血、营养不良者来说是非常好的食物。

海豚

海豚，登莱间人呼为“挺拔”，盖俗音[1]讹转失真也。古呼为“鯸鲐”，《玉篇》[2]作“鯸鮔”。今人多不识其形状，唯《文选》中说之极详。刘逵《吴都赋注》[3]云：“鯸鲐鱼，状如科斗[4]。大者尺余，腹下白，背上青黑，有黄文。性有毒，虽小，獭[5]及大鱼不敢啖之，蒸煮啖之肥美。豫章[6]人珍之。”是其形状也，今验其鱼，腹上有刺，如鑢物错[7]。小儿取其皮蒙鼓。自头至尾，全如科斗形。目解开阖[8]，异于余鱼。其性善怒，物触着之即气满于腹。沈括《笔谈》[9]所谓吹肚鱼者也。古云其肝杀人，今海人摘去其肝，涤其血尽，肉白而肥，不殊[10]玉脍[11]。锉[12]芦根同煮，盖芦根汁能解河豚毒也。故苏轼诗云：“蒌蒿满地芦芽短，正是河豚欲上时。”又，橄榄极解鱼毒。陈藏器《本草拾遗》云：“其木主[13]鯢鱼毒，此木作楫，拨着鯢鱼，皆浮出。”今案，“鯢”，当作“规”，《补笔谈》云：“浙东人，呼河豚为规鱼，又有生海中者，名海规是也。”而《大观本草》既载“鯸鮧”（当作鲐），又出“鯢鱼”一条，盖不知即一物也。又其鱼子有大毒，不可啖之。今海人取其子，埋海岸沙中，经三伏出之，即无毒可啖，压极干可以饷远也。

注释

[1] 俗音：世俗通行之音，别于正确之读音而言。

[2]《玉篇》:中国古代一部按汉字形体分部编排的字书。南朝梁大同九年(543)黄门侍郎兼太学博士顾野王撰。顾野王(519—581),字希冯,吴郡吴县(今江苏苏州吴中区)人,仕梁陈两朝。

[3]《吴都赋注》:西晋济南郡人、晋惠帝时侍中刘逵为左思《吴都赋》作注。《吴都赋》,西晋文学家左思所撰。左思(约250—305),字太冲。临淄(今山东淄博临淄区)人。左思貌丑口讷,不好交游,但辞藻壮丽,其作品旧传有集5卷,今存者仅赋2篇、诗14首。《三都赋》与《咏史》诗是其代表作。

[4] 科斗:蝌蚪。

[5] 獭:《说文解字》载,獭如小狗,水居食鱼。

[6] 豫章:古代区划名称。最初为汉高帝初年(约前202)江西建制后的第一个名称,即豫章郡。后在东汉、三国、两晋以及南朝时期,豫章郡、豫章国为大致相当于今江西省北部(吉安以北)地区的地理单元。

[7] 如鑢物错:就像磋磨骨角铜铁等磨具那样,使得器物表面光滑。鑢错:琢磨。

[8] 开阖:开启和闭合。

[9]《笔谈》:《梦溪笔谈》包括《笔谈》《补笔谈》《续笔谈》三部分,共30卷。其中,《笔谈》26卷,分为17门,依次为故事、辩证、乐律、象数、人事、官政、机智、艺文、书画、技艺、器用、神奇、异事、谬误、讥谑、杂志、药议。《补笔谈》3卷,《续笔谈》1卷。是书由北宋科学家、政治家沈括(1031—1095)所撰,是一部涉及古代中国自然科学、工艺技术及社会历史现象的综合性笔记体著作。英国科学史家李约瑟评价其为"中国科学史上的里程碑"。

[10] 不殊:没有区别,一样。

[11] 玉脍:鲈鱼脍,因色白如玉,故名。常借指东南佳味。

[12] 锉:铡切,斩剁。

[13] 主:处理,决定。

译文

海豚,登州、莱州二府人称作"挺拔",盖世俗通行之音讹转而失真的原因。古时叫作"鯸鲐",南朝梁太学博士顾野王所撰《玉篇》中,叫作"鯸鮔"。时下之人,多不了解海豚的形状,只有《文选》一书记载最为详细。西晋济南郡人刘逵为左思《吴都赋》作注时说:"鯸鲐鱼,形状如蝌蚪一般。大的有一尺多长,鱼腹下呈白色,鱼背颜色青黑,有黄色花纹。海豚有毒性,体型虽小,海獭和大鱼都不敢吃它，然而蒸煮食用，味道鲜美。豫章之人尤其喜欢。”现在看海豚形状，腹部有刺，就像磋磨骨角、铜铁等的磨具一样。儿童用其皮来蒙鼓。海豚从头到尾，全如蝌蚪形。其眼睛可以开合，这一点和其他鱼类不同。海豚容易发怒，有外物接触到便满腹胀气。沈括的《梦溪笔谈》称之为吹肚鱼。古时说，海豚的肝脏，可以毒杀人，现在渔民摘除海豚肝脏，将其血液洗涤干净，其肉颜色纯白，吃起来鲜美，与鲈鱼相比，不相上下。烹饪时，切碎芦芽根与海豚一起烹煮，是因为芦芽根汁液可以解河豚之毒性。所以苏轼诗中有“蒌蒿满地芦芽短，正是河豚欲上时”之句。另外，橄榄也解河豚之毒。陈藏器《本草拾遗》中载：“橄榄木可以消除鯢鱼毒性，用橄榄木作船桨，只要碰到水中的鯢鱼，鱼皆浮出水面。”“鯢”字，当作“规”字。《补笔谈》一书中写道：“浙江东部渔民，称呼河豚为规鱼。规鱼，也又在海中生活的，称作海规。”而《大观本草》一书中，既有“鯸鮧（当作鲐）”的条目，又有“鯢鱼”的条目，可能不知道这两种鱼实际是一种。另外，河豚鱼子有剧毒，不可食用。现在渔民取其鱼子，埋在海岸的沙中，经过三伏后取出，即再无毒性，可以食用，将其鱼子压干，可以保存很久，以便随时享用。

【常用中文名】河豚

【别名、俗名】艇巴　挺拔　艇拔鱼　海豚

【分　　类】鲀形目鲀科

【形态特征】河豚体亚圆筒形，向后渐狭小；头长稍小于鳃孔至背鳍起点的距离。鲀吻圆钝。眼小，上侧位。眼间隔宽平，微凸。鼻孔两个，紧位于鼻瓣内外侧。口小，端位。上下颌各具两枚喙状牙板，中央缝显著。唇发达，细裂，下唇较长，两端向上弯曲。背部自鼻孔后方至背鳍前方，腹面自鼻孔下方到肛门前方均被小刺。吻部、头体两侧及尾部无刺。体侧皮褶发达。背鳍略呈镰刀形。臀鳍与背鳍相似，起点稍后于背鳍起点。胸鳍宽短，近方形，上部鳍条较长，尾鳍截形。背侧面呈灰褐色，稀疏散布白色斑点。腹面呈白色，胸鳍后上方具一圆形大黑斑，边缘白色。背鳍基部亦具一黑色大斑，边缘呈白色。臀鳍呈黑色或前缘及端部呈灰色。背鳍及胸鳍呈灰褐色，尾鳍呈黑色。

【分布范围】河豚分布于中国、朝鲜。在中国，主要分布在黄海、渤海、东海、南海以及近海江河中。

【生活习性】河豚属暖温性下层鱼类，栖息在广大近海及咸淡水中，有时进入江河。有气囊，遇敌害时能使腹部膨胀，春季产卵期多向近岸潮流缓

慢的内湾及河洄游，产卵后多在稍深的近海栖息。

【价　　值】河豚鱼肉味腴美，鲜嫩无刺，营养价值较其他鱼类更为丰富，长期以来作为一种名贵鱼类而蜚声中外。其毒素、鱼胆和精巢均可经提取成为临床试剂，在医学上有重要的医疗价值。河豚鱼皮是上等皮革制品原料，也用于建筑、加工等工业，具有一定的经济价值。

蟹

海错之中，蟹族甚多，不可殚述[1]。大者盈车，细者如豆，状类[2]难名，其尤异者，甲上有文，作老人面，须眉毕具，谓之鬼蟹。盖《说文》所谓蛫[3]（过委切）蟹也。文登海中有蟹，大小如钱，厚逾寸半，宜急炙[4]，连骨啖之，味极脆美，彼人所谓独鹿者也（海人读鹿为栗）。别有一种似蟹而小，其色微黄，䳮（俗作螯）跪[5]俱短，不可食。蔡谟[6]啖之几死。《本草陶注》[7]所谓蟛蜞者也。又海壖[8]间泥孔漏[9]穿，平望弥目[10]，穴边有一小蟹，跂脚[11]昂首，侧身遥睇[12]，见人欻[13]入。所谓望潮，此种是也，亦不可食。余闻海边人有啖蟹遇毒者，或言蟹食鯸鲐子杀人，非也。岁岁春时，海豚大上[14]，即如是，杀人多矣！殊不尔[15]也。旧说蟹食水莨[16]（《集韵》音建）草毒，人如遇其毒，须芦根、橄榄子解之，《本草》云。

注释

[1] 殚述：详尽叙述。多用于否定。

[2] 状类：形状和种类。

[3] 蛫：古书上说的一种蟹。

[4] 急炙：急火烤制。

[5] 螯跪：螃蟹的两螯夹和其余八支脚。

[6] 蔡谟:《世说新语·纰漏篇》载,司徒蔡谟避乱渡江后见到蟛蜞,异常高兴地说:"螃蟹有八只脚,加上两个夹钳。"叫人煮来吃。吃完以后,上吐下泻,精神疲困,这才知道不是螃蟹。后来他向谢仁祖说起这件事,谢仁祖说:"你读《尔雅》读得不熟,几乎被《劝学》害死。"

[7]《本草陶注》:即陶隐居《本草注》,为南朝齐梁道士陶弘景所撰医药类道经,又称《本草经集注》。陶弘景(456—536),字通明,号华阳隐居,丹阳秣陵(今江苏南京)人,著名的医药家、文学家,人称"山中宰相"。作品有《本草经注》《集金丹黄白方》《二牛图》《华阳陶隐居集》等。

[8] 海堧:海边地。

[9] 漏:孔隙,孔穴。

[10] 弥目:满眼,形容多。

[11] 跂脚:翘起脚。

[12] 遥睇:遥望。

[13] 欻:忽然,迅速。

[14] 大上:大规模出现。

[15] 殊不尔:根本不是这样的。

[16] 水茛:又名野葛,钩吻。一种落叶灌木,茎蔓延细长,果实多毛,有毒。《本草注》曰:茛乃草乌头之苗,此草形状及毒皆似之。

译文

海产之中,蟹的种类很多,数不胜数。蟹中大的,可以装满推车;蟹中最小的,细小如豆。形状、种类难以详尽说明。其中最为奇特的一种蟹子,蟹壳上有花纹,像老人的面庞一般,眼眉、胡须俱全,称作鬼蟹。也就是《说文解字》书中所说的蛫(过委切)蟹。文登海中有一种蟹,大小如钱币一般,其厚度超过一寸半,适合急火炙烤,连蟹壳一起吃掉,味道香脆美味。那里人称其为独鹿蟹子(渔民读鹿为栗)。另外有一种,像蟹,但是形体较小,颜色略带黄色,蟹螯和蟹脚均短小,不可食用。司徒蔡谟食用这种蟹,差点送命。《本草陶注》一书载,这种蟹名为蟛蜞。另外,海滩上分布着诸多泥孔,放眼望去,孔穴边有小蟹,跷脚抬头,侧身遥望,见人走近,迅速逃回孔穴。所谓望潮蟹,就是这种蟹子,亦不可食用。我听说海边人有食用蟹中毒的,有人说是蟹食用河豚的鱼子而变得毒性,实际并非如此。每年春天,河豚溯潮而上,如果是这样的话,被毒杀的人应该很多,事实根本不是这样。旧时也有人说，蟹食用野葛而具有毒性，人如果食用这种蟹中毒，必须用芦根、橄榄子予以解毒，《本草》一书中是这么说的。

【常用中文名】梭子蟹

【别名、俗名】枪蟹　海螃蟹　海蟹

【分　　类】十足目梭子蟹科

【形态特征】梭子蟹头胸甲呈浅灰绿色，前鳃区具一圆形白斑，螯足为紫红色，带白色斑点。腹面多为白色，头胸甲呈梭形，稍隆起。表面有三个显著的疣状隆起。其体型似椭圆，两端尖尖如织布梭，故有三疣梭子蟹之名。两前侧缘各具九个锯齿，第九锯齿特别长大，向左右伸延。额缘有四枚小齿。额部两侧各有一对能转动的带柄复眼。胸足五对。螯足发达，长节呈棱柱形，内缘具钝齿。第四对步足指节扁平宽薄如桨，适于游泳。腹部扁平（俗称蟹脐），雄蟹腹部呈三角形，雌蟹呈圆形。雄蟹背面茶绿色，雌蟹紫色，腹面均为灰白色。

【分布范围】梭子蟹分布于日本、朝鲜、马来群岛、红海以及中国大陆沿海绝大部分海域。

【生活习性】梭子蟹属暖温性多年生大型蟹类动物，为杂食性动物，喜欢摄食贝肉、鲜杂鱼、小杂虾等，也摄食水藻嫩芽、海生动物尸体以及腐烂的水生植物。通常白天摄食量较少，傍晚和夜间大量摄食。梭子蟹善游泳，游动时，身体倾斜倒垂于水中，第五步足频频摆动，作横向或不定向的水平游动。梭子蟹也会挖掘泥沙，常潜伏海底或河口附近，性凶猛好斗，繁殖力强，生长快。

【价　　值】梭子蟹肉多，脂膏肥满，味鲜美，营养丰富。每100克蟹内含蛋白质14克、脂肪2.6克。鲜食以蒸食为主。除鲜食外，还可晒成蟹米，研磨蟹酱，腌制全蟹（卤螃蟹），制成罐头等，蟹壳可做甲壳素原料，经济效益非常可观。

鳆鱼

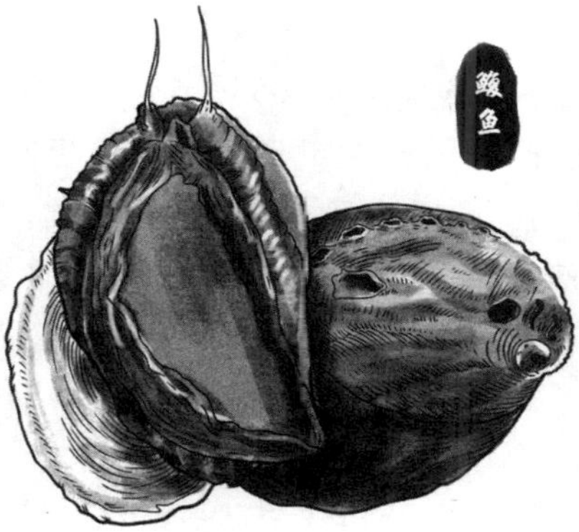

《汉书·王莽传》云："莽忧懑[1]不能食。亶[2]饮酒，啖[3]鳆鱼。"颜师古[4]注曰："鳆，海鱼也。音雹。"《后汉书·伏隆传》云："张步遣使随隆，诣阙[5]上书，献鳆鱼。"章怀[6]注引郭璞注《三苍》[7]云："鳆似蛤，偏着[8]石。"又引《广志》[9]曰："鳆无鳞，有壳。一面附石，细孔杂杂[10]，或七或九。"《本草》[11]云："石决明，一名鳆鱼，音步角反。"余案，陶隐居《本草注》云："石决明是鳆鱼，甲[12]附石生，大者如手，明耀五色，内亦含珠。"今验鳆甲，只[13]而无对，内含光明[14]，善治目盲[15]，故名"九孔螺"，一名"千里光"。其肉如马蹄，用炭灰腌[16]之，经久不败，可以饷远。登莱尤多，海人谓之鲍鱼，误也。鲍乃干鱼。《本草》谓之"萧折"，盖"鲍""鳆"声转，字随因讹。俗人不知，遂书作"鲍鱼"耳。又鳆是蠃蛤[17]之属，非鱼族也。自《说文》训[18]鳆为海鱼，诸书皆仍[19]之，今从古。

注释

[1] 忧懑：愁闷。

[2] 亶：古同"但"，仅，只。

[3] 啖：吃，食用。

[4] 颜师古（581—645）：名籀，字师古，以字行，雍州万年（今属陕西西安）人，祖

籍琅琊临沂(今山东临沂),经学家、训诂学家、历史学家。隋时任安养县尉。唐太宗贞观中,与魏征等撰修《隋书》。太宗以五经传写多讹误,诏师古详加校订。后迁秘书少监,校勘官藏图籍。官至秘书监、弘文馆学士。著有《汉书注》《匡谬正俗》《安兴贵家传》《大业拾遗》《正会图》《吴兴集》《庐陵集》等。

[5] 诣阙:到天子的官阙。指赴京都。

[6] 章怀:唐高宗李治之子李贤。李贤(655—684),字明允,陇西成纪(今甘肃秦安)人。唐高宗李治第六子,女皇武则天次子。唐高宗上元二年(675),太子李弘猝死后,李贤被册立为皇太子。其间三次监国,得到唐高宗称赞、朝野拥戴和武后猜忌。唐高宗调露二年(680),以谋逆罪名废为庶人,流放巴州。唐睿宗文明元年(684),为酷吏丘神勣逼令自尽,年仅29岁。唐睿宗景云二年(711),追谥章怀太子。曾召集文官注释《后汉书》,史称"章怀注",具有较高史学价值。

[7]《三苍》:同《三仓》,书籍名,为秦李斯《仓颉》七章、赵高《爰历》六章、胡毋敬《博学》七章的合称。《仓颉》《爰历》《博学》都是秦统一文字之后介绍小篆楷范的字书。《三苍》凡55章,计3300字,小篆的常用字已大略具备。

[8] 着:附着。

[9]《广志》:杂书,二卷。晋代郭义恭撰。著录于《隋书·经籍志》《新唐书·艺文志》杂家类。又一本十卷 ,著录于《通志·艺文略》杂家类。清文廷式《补晋书艺文志》入小说家类。书名《广志》,意为这部书的内容比《博物志》还要丰富,故多记四方动植物产、山川泉石、异域风俗 ,今散佚。清马国翰有辑本。

[10] 杂杂:多貌。

[11]《本草》:全称《神农本草经》,又称《本草经》《本经》,托名"神农"所作,实成书于汉代,是中医四大经典著作之一,是已知最早的中药学著作。《神农本草经》全书分3卷,载药365种,以三品分类法,分上、中、下三品,文字简练古朴,成为中药理论精髓。

[12] 甲:硬壳。

[13] 只:凡物之单者曰只,单一。

[14] 光明:亮光,此处指鳆鱼壳内颜色亮丽。

[15] 目盲:视力严重下降甚至失明的症状。

[16] 腌:腌制。

[17] 蠃蛤:螺和蛤蜊。

[18] 训：解说，注释。
[19] 仍：因袭，依旧。

译文

《汉书·王莽传》中载："王莽心情愁闷，茶饭不思，只是饮酒，吃鳆鱼。"唐代著名经学家颜师古在注解时写道："鳆是海鱼的一种，读音像'雹'。"《后汉书·伏隆传》中说："张步派使者随伏隆到朝廷上书，进贡鳆鱼。"章怀太子李贤在注解《后汉书》时，引用了郭璞在注解《三苍》时所表述的内容："鳆鱼，外形像蛤，单面附着在海中石头上。"同时，还引用了晋代郭义恭所著《广志》中的说法："鳆鱼，无鳞，有壳，一面附着石上，壳上小孔错杂，或者七个，或者九个。"《本草》中载："石决明，也叫鳆鱼，音步角反。"据我考据，陶隐居《本草注》中说："石决明是鳆鱼，其贝壳附石而生，体大的如人手一般，壳内颜色绚丽，有的壳内还孕育着珍珠"。现在我们来看鳆鱼壳，单独一个，不成对，壳内颜色亮丽，可以用来医治失明或视力低下等病症，所以得名九孔螺，也叫千里光。鳆鱼肉呈马蹄形，用炭灰进行腌制，可以贮存，以长时间享用。登、莱二府尤其盛产，渔民一般称其为"鲍鱼"，这是错误的。"鲍"是干鱼的别称。《本草经》中称鲍鱼为"萧折"，或许是"鲍""鳆"读音转换而成，字的写法也因此而错误。平民百姓不做详细了解，所以就写作"鲍鱼"二字了。另外，鳆鱼与海螺、蛤蜊属于同一类别，并非鱼类。自从《说文解字》一书将鳆鱼归为海鱼类别，其他书籍便都沿袭了这个说法。我还是愿意按照古代的说法来进行讲述。

【常用中文名】鲍鱼

【别名、俗名】海耳　鳆鱼　镜面鱼　九孔螺　将军帽　白戟鱼　阔口鱼

【分　　类】原始腹足目鲍科

【形态特征】鲍鱼体外被厚石灰质贝壳，为右旋螺形贝壳。其单壁壳质地坚硬，壳形右旋，表面呈深绿褐。壳内侧紫、绿、白等色交相辉映。鲍鱼壳上有自壳顶至腹面厚度渐增的螺旋排列突起。突起在螺层末端者贯穿成孔，孔数随种类而异。头部很发达，两触角伸展时细长。在触角的基部背侧各有一短突起，突起末端生双目。鲍鱼足部肥厚，分为上下两部分。上足生诸多触角和小丘，用来感觉外界的情况；下足伸展时呈椭圆形，腹面平，适于附着和爬行。

【分布范围】鲍鱼产地在各大洋中，较多分布于太平洋沿岸及其部分岛礁周围，印度洋次之、大西洋最少，北冰洋沿岸无分布。中国盛产鲍鱼的地方有大连、胶东等，中国南方也有鲍鱼分布。

【生活习性】鲍鱼为狭温狭盐性贝类，对生活海域的环境要求较高，需水质清澈、潮流通畅、海水的盐度常年保持在3以上、海底为岩礁底质并且有较丰富的大型饵料藻类生长，如褐藻、绿藻和红藻等，鲍有定居的习性，在饵料丰富的岩礁带，一般不会出现大的移动。

【价　　值】鲍鱼是中国传统的名贵食材，其肉质细嫩、鲜味浓郁，位列八大“海珍”之一，素称“海味之冠”，是极为珍贵的海产品，在国际市场上历来享有盛名。不仅如此，鲍鱼营养丰富，具有极高的药用价值。《本草纲目》中记载，可明目补虚、清热滋阴、养血益胃、补肝肾，故有“明目鱼”之称。《药典》中记载，鲍鱼壳又称石决明，是著名的中药材，可平肝潜阳、除热明目，对头痛眩晕、目赤翳障、视物昏花、青盲雀目等症具治疗功效。

蛇

《文选·江赋》云,“水母目虾[1]。”李善[2]注引《南越志》[3]曰:“海岸间颇有水母。东海谓之蛇,正白,濛濛[4]如沫.生物有智识[5],无耳目,故不知避人,常有虾依随之,虾见人则惊,此物亦随之而没。”蛇,音蜡。余案,蛇,今海人名为蜇,蜇是俗作字。又因声近讹转也(蜇,读如哲,按《香祖笔记》十,以鸱夷为河豚,樗蒲为海蜇)。《广韵》四十祃:“蛇音,除驾切,云水母也。一名蟦,形如羊胃,无目,以虾为目。”今验蛇之形状,惟《南越志》说之极详。其物大者,有如一间屋,体如水沫结成,海人采得之,渍以矾[6],下尽其水。形如猪肪,或蹙缩[7]如羊胃。人有货致都中[8]者,用密器收之,经年味不变,柔之以醋,啖之极脆,可以案酒[9]。

注释

[1] 水母目虾:水母与虾共栖,因水母没有耳目,所以经常与虾一起生活。虾遇人就惊逃,水母也随着没入水中。此成语比喻人没有主见,人云亦云。

[2] 李善(630—689):唐扬州江都(今江苏扬州)人。唐高宗显庆中,为崇贤馆直学士,后转秘书郎。学识渊博,不善属文,专于注释,人称书簏。因罪株连,流放至姚州。遇赦还,寓居汴、郑间(今开封、郑州一带),讲授《文选》为业。著《文选注》60卷。

[3]《南越志》：古方志名，南朝宋沈怀远撰，共八卷。原书已佚。《说郛》《汉唐地理书钞》等均有辑录。该书记载了上至三代下至东晋岭南地区的异物、建置沿革、古迹、趣闻等，内容广泛，向受推崇，为研究岭南越民族社会历史提供颇为珍贵的资料。

[4] 濛濛：纷杂、浓盛貌。

[5] 智识：犹智力，识见。

[6] 渍以矾：用明矾进行腌渍。

[7] 蹙缩：收缩，皱缩，萎缩。

[8] 都中：京都，京城。

[9] 案酒：佐酒，下酒；下酒的菜肴。

译文

《文选》中所收入的《江赋》一篇中，有"水母目虾"之句。其含义是水母与虾相伴而生，把虾当成了自己的眼睛。唐代《文选注》的作者李善，在注解"水母"时，引用了《南越志》中的语句："海岸间水母较多，东海地区称之为'蛇'，蛇颜色纯白，远望一片混沌，有如汇聚的泡沫。蛇有智力，但是没有耳朵和眼睛，所以不知道躲避靠近的外物。然而虾却经常与其伴随，虾遇到外物便惊逃，蛇也随之逃走。"蛇，读音为蜡。现在渔民往往称其为"蜇"，"蜇"是"蛇"的异体字，是因为读音相近被讹传的原因（蜇字，读音如哲，《香祖笔记》卷十中载，鸱夷就是河豚，樗蒲就是海蜇）。北宋时代官修的韵书《广韵》一书中载，"蛇"，指水母。水母还有一个别称叫"蟦"，其形状如羊胃，没有眼睛，往往靠与其相随的虾来辨别方向和躲避外物。现在我们来看水母的形状，只有《南越志》中的讲述较为详细。大的水母有如一间房屋之阔，其身体有如水沫凝结而成。当渔民将其捕捞之后，用明矾进行腌渍，使其体内的水全部杀出。此时的水母则像猪肥肉一样，也有的萎缩成羊胃的样子。商人将其贩卖至京城，用密封的坛罐予以存储，经过一年或几年味道不变，加入醋，使之软化，吃起来脆爽可口，是下酒的好菜。

【常用中文名】海蜇

【别名、俗名】水母　白皮子　蛇

【分　　类】根口水母目海蜇科

【形态特征】海蜇身体呈铃形或倒置的碗形或伞形，分为伞部和腕部。伞体隆起呈半球形，直径最大可达1米。伞面表面光滑，中胶层发达，厚且硬。向外凸出的一面称外伞面，凹入的一面称下伞面。体色变化较大，一般为青蓝色，有的是暗红色或者褐色。伞的下面是根状的口腕，口腕愈合，将原有口封闭，口腕下面形成很多小孔，称为吸口。

【分布范围】海蜇分布范围广，热带、温带的水域、浅水区、约百米深的海洋甚至淡水水域都有海蜇。中国从辽东半岛直至广东沿海均有分布。

【生活习性】海蜇靠吸口吸食海水中的藻类、原生动物、小型甲壳类等微小生物。海蜇触手上的刺细胞能放射毒液，可御敌捕食，人触之有疼、麻的感觉。

【价　　值】海蜇是一种大型的食用水母，营养价值高。海蜇还可以入药，有清热解毒、化痰、降压、降湿、润肠等功效。

八带鱼

《文选·江赋》云:"蜛蝫,森衰[1]以垂翘[2]。"李善注引《南越志》曰:"蜛蝫,一头,尾有数条,长二三尺左右,有脚,状如蚕,可食。"今验此物,海人名蛸,音梢。春来者名桃花蛸,头如肉弹丸,都无口目处。其口目乃在腹下,多足如革带[3]散垂,故名之八带鱼。脚下皆列圆钉,有类蚕脚,其力大者,钉着[4]船不能解脱[5]也。

注释

[1] 森衰:下垂貌。
[2] 翘:泛指动物的尾部。
[3] 革带:皮做的束衣带。
[4] 钉着:紧跟着不放松。
[5] 解脱:甩掉,脱身。

译文

《文选》中所收入的《江赋》一篇中写道:"蜛蝫,身体下垂而尾部翘起。"唐代《文选注》的作者李善,在注解时,引用了《南越志》中的说法:"蜛蝫,一头,有尾巴数条,长二三尺左右,有脚,身体形状如蚕,可以食用。"现在我们仔细予以查看，海边渔民称呼它为“蛸”，读音和“梢”相同。春天盛产的名谓“桃花蛸”，其头部像肉球一般，头部没有嘴巴和眼睛，它的嘴巴和眼睛位于其腹部以下，蛸有足多条，像散布垂下的衣带，故得名“八带鱼”。八带鱼的脚下皆排列圆形肉吸盘，与蚕足相似。吸力大的，紧附着在船上而难以甩掉。

【常用中文名】章鱼

【别名、俗名】八带鱼　八爪鱼　蛸

【分　　类】八腕目章鱼科

【形态特征】章鱼头部具足，二鳃，八腕，腕吸盘两纵行。头部两侧的眼径较小，头前和口周围有腕四对，长度相近或不等。腕上大多具两行吸盘，有的种类只具单行吸盘。腕的顶端变形，无触腕。内壳退化，仅在背部两侧残留两个小壳针。不具发光器。章鱼的眼睛结构复杂，前面有角膜，周围有巩膜，还具有晶状体。

【分布范围】章鱼分布于世界各海域，大部分为浅海性种类，也有少数深海性种类。

【生活习性】章鱼主要为底栖生活，在海底爬行或在底层划行，也能凭借漏斗喷水的反作用力短暂游行于水层中。有短距离越冬洄游，以龙虾、虾蛄、蟹类、贝类和底栖鱼类为食。本身常为鲨鱼、海鳗等作为猎食对象。章鱼可以连续六次喷射墨汁，也可以像变色龙一样，改变自身的颜色和构造，以避免攻击。

【价　　值】章鱼营养价值高，含有丰富的蛋白质、脂肪、维生素、碳水化合物、钙、磷、铁、锌等营养元素。章鱼还富含牛磺酸，具有调节血压、抗衰老、缓解疲劳等作用。

昆布

《尔雅·释草》云:“纶[1]似纶,组[2]似组。东海有之。”《太平御览》引吴普《本草》[3]云:“纶布,一名昆布。”陶隐居注云:“今惟出高丽,绳把[4]索之如卷麻[5],作黄黑色,柔韧可食。”又云:“今青苔、紫菜皆似纶,昆布亦似组,恐即是也。”余案,登州、高丽壤境毗连,中间惟限以海。今昆布出登州者,纠结如绳索之状,一如陶说也。昆、纶声相近,是昆布即纶矣。而海带则组也,海带者,青色而长。登州人取干之,柔韧可以束物[6],人亦啖之。昆布旧以充贡[7],海带今以供馔[8],二物皆消结核[9],能下水。青苔者,陟厘也。形如乱发,可为纸。又一种状如龙须,相纠结,如乱绳,亦可啖。《尔雅》之组,疑或指此也。紫菜者,刘逵《吴都赋》注云:“生海水中,正青,附石,生取干之,则紫色。临海常献[10]之。”而李善《江赋》注乃云:“紫菜,色紫,状如鹿角菜而细”。其说非也。紫菜,干之乃紫,轻薄若纸;沃[11]以沸汤,细如断绳。陶云似纶,盖以此耳。鹿角菜,附石而生,形如鹿角,与紫菜全别,又不似纶组也。又一种凤头菜,出海阳南门外,地名老龙头。亦附石生,拳曲[12]而纤[13],形似蕨苗,瀹[14]以肉汤,鲜美可啖。彼人珍之,谓之凤头,胜于龙须也。又有海青菜,碧青色,薄如纸,煮烂凝之,如凉粉。缥色[15]可观,切而啖之,实[16]以醋。

注释

[1] 纶：昆布。海藻类植物。可供食用、药用。
[2] 组：古代指丝带，如组带，此处指海带之属。
[3] 吴普《本草》：六卷，魏吴普撰，约成书于汉献帝建安十三年(208)至魏文帝景初三年(239)，又名《吴氏本草》《吴氏本草因》。《七录》《旧唐书·经籍志》《通志·艺文略》均著录六卷，《蜀本草》著录一卷，辑本不分卷。
[4] 绳把：绳束。
[5] 卷麻：卷曲的麻绳。
[6] 束物：捆扎物品。
[7] 充贡：充当贡品。
[8] 供馔：宴饮时所陈设的食品。
[9] 消结核：软坚散结，消肿利水。
[10] 献：进献，进贡。
[11] 沃：浸泡，使没于水中。
[12] 拳曲：卷曲，弯曲。
[13] 纤：细小，微小。
[14] 瀹：煮。
[15] 缥色：淡青色。
[16] 实：使坚实。

译文

《尔雅·释草》中说："海藻似'纶'，海带如'组'，出产于东海之上。"《太平御览》引吴普《本草》说道："纶布，也叫昆布。"陶隐居注解说："昆布，现在唯有高丽出产，用绳束将其捆扎，昆布如卷曲的麻绳一般，颜色黄黑色，柔韧可食用。"还说道："如今的青苔、紫菜都似海藻，而昆布也像海带，恐怕就是如此。"据我考究，登州府和高丽相毗邻，中间以海相隔。现在出产于登州府的昆布，相互缠绕，如绳索之状，和陶隐居所述相近。昆、纶发音相近，所以昆布就是纶，那么海带则为组。海带，颜色发黑，较长，登州府人将其晒干，用以捆扎，也可以食用。昆布以前充当贡品，海带现在日常食用，这两种海草都有软坚散结、消肿利水的功效。青苔，也就是一种生在阴湿岩石上蕨类植物，也叫陟厘。陟厘，如散乱的头发，可以用来造纸。还有一种海藻，形状如龙须一般，相互缠绕，如乱绳，也可以食用。

《尔雅》中所说的“组”，或许指的就是这一种。紫菜，刘逵在注解《吴都赋》时说：“生于海水之中，正青色，附着在石头以上，将其采来，并将其晾干，则呈现紫色。靠海的府县常常把它当作贡品进献。”李善《江赋》注中则言道：“紫菜，颜色为紫，形状和鹿角菜类似，然而比其更细小”。这个说法是不准确的。紫菜，晾干之后才呈现紫色，晾干的紫菜如纸一般轻薄；将其置于烧开的汤中浸润，细如断绳。陶隐居所谓“似纶”，大概就是因为这个原因。鹿角菜，生于石上，形状如鹿角，与紫菜截然不同，既不像海藻，也不像海带。还有一种海草，名叫凤头菜，出产于海阳南门外，出产地名唤“老龙头”。凤头菜也是附着在石头上生长，卷曲而细，形状与蕨菜苗相类，用肉汤进行煮食，味道鲜美可口。当地人非常喜欢，取名为凤头菜，比龙须菜更好。还有一种菜，叫海青菜，青绿色，像纸张一样薄，将其煮烂后凝固，像凉粉一样。颜色淡青诱人，切开即可食用，也可以加以醋，使之更紧致。

【常用中文名】海带

【别名、俗名】纶布　海昆布　海带菜

【分　　类】海带目翅藻科

【形态特征】海带藻体为黄褐色、革质，高 40 ～ 100 厘米，由固着器、柄部和叶片三部分组成。固着器由叉状分支的假根组成；柄部圆柱状，光滑不分枝；近叶片部渐扁平，叶片两侧羽状或复羽状分支，中部稍厚，粗锯齿叶缘。粘液腔道 1 ～ 2 层，呈环状排列，孢子囊群着生在叶片的表面。

【分布范围】海带主要产于暖温带和亚热带海洋，中国辽东和山东半岛的肥沃海区产量较高。

【生活习性】海带多生长在潮下带 4 ～ 5 米水深流急、水肥适宜的岩石上。

【价　　值】海带为冷水性海藻。是一种营养价值很高的蔬菜，同时具有药用价值，为《中国药典》收录草药。

郎君子

李珣《海药本草》[1]云:"郎君子[2],生南海,有雌雄,状如杏仁,青碧色。欲验真假,口内含热,放醋中,雌雄相逐,逡巡[3]便合,即下卵如粟状者,真也,亦难得之物。"李时珍《本草》引顾玠《海槎录》[4]云:"相思子,状如螺,中实如石,大如豆,藏篋笥[5],积岁[6]不坏,若置于醋中,即盘旋不已,此即郎君子也。主治妇人难产,手把之便生,极验[7]。"余案,此物今名相思石,登州海濒多有之。小儿拾取供玩弄,非难得也。李珣所说,得其情状。其云"下卵如粟",今亦未见也;云"主妇人难产",其理未详。

注释

[1]《海药本草》:本草著作,6卷,前蜀李珣所撰。书中从50余种文献中引述有关海药资料,记述药物形态、真伪优劣、性味主治、附方服法、制药方法、禁忌畏恶等。涉及40余处产地名称,以岭南及海外地名居多。为中国第一部海药专著。

[2] 郎君子:明代著名医药学家李时珍所著《本草纲目》书中记载的一种海中的中药材,主治妇人难产,也称"醋鳖""铁关门螺"。

[3] 逡巡:意思是徘徊不进,停滞,滞留。

[4]《海槎录》:全名《海槎余录》,一卷,明顾玠撰。顾玠,字汇堂,苏州吴县(今

江苏苏州吴忠区)人。官至南安府知府。嘉靖间曾任职儋州,闲时于其地“山川要害、土俗民风,下及鸟兽虫鱼,奇怪之物,耳目所及,无不记载。”书中对黎族的经济生活、风俗习惯尤多记载,颇有参考价值。

[5] 箧笥:藏物的竹器(多指箱和笼),在古代主要用于收藏文书或衣物。

[6] 积岁:多年。

[7] 验:灵验,有效果。

译文

前蜀李珣所著本草著作《海药本草》中说:“郎君子,生于南海之中,有雌雄之分,其形状如杏仁,颜色青绿。如果想验证其真假,则将其放入口中,将其含热,然后置于醋中,则有雌雄相追,稍微停顿则雌雄相合,然后便生卵,形状如粟粒,如果是真的,也是稀有难得的珍品。”李时珍的《本草纲目》,引用了明代顾玠所著的《海槎录》中的文字:“相思子,形状如螺,其中有石,如豆子一般大小。储存在箱笼之中,多年不坏,如果置于醋中,则盘旋不已,这就是郎君子。郎君子主治女人难产,女人生产时,用手握着便顺利分娩,极其灵验。”据我考究,此物现在名为相思石,登州府海边产量较多。儿童拾取玩耍,并非难得。李珣所描述的情状,较为准确。他所说的“生卵如粟粒”,我们没有见过;说“主女人难产”,其道理没有人了解清楚。

【常用中文名】甲香

【别名、俗名】催生子　郎君子　水云母　相思石

【形态特征】蝾螺别称相思子,壳厚重,有光泽。除少数浅纹外,壳体平滑。螺塔高,壳顶钝,缝合线浅。壳口圆,外唇边缘锋利。无脐孔,除壳口缘呈黄色或绿黄色外,壳表面色彩丰富,花纹复杂,变化多端。其壳口螺盖的圆形片状物,就是甲香,也叫相思子、郎君子。内面略平坦,显螺旋纹,有时附有棕色薄膜状物质,外面隆起,有螺旋状隆脊,凹陷处密被小点状突起。质坚硬而重,断面不光滑,青碧色,放入醋中可以蠕动。

【分布范围】甲香主要产于热带海域,中国海域的渤海、黄海、东海、南海也很常见。

【价　　值】甲香主含蝾螺素及钙、磷等无机元素,具有解热、祛痰、镇静、抑菌等作用。

蛏 （依《说文》，当为陛。又海蛏，即淡菜[1]，一名东海夫人[2]，非此。）

蛏

《尔雅•释鱼》云：“蛏，蠯[3]。”郭注云：“今江东[4]呼蚌长而狭者为蠯。”《说文》云，“蠯，陛也。修[5]为蠯，圆为蛎。”《既夕礼》[6]云，“东方之馈[7]，有蠯醢[8]。”郑[9]注云，“蠯，蚌也。”《本草经》有“马刀”名，《医别录》[10]云，“一名马蛤。”陶隐居注引李当之[11]云，“生江汉中，长六七寸。汉间[12]人名为单母（母，苏颂《图经》[13]作姥）。亦食其肉，肉似蚌。今人多不识之，大都似今蝏螆[14]而非。”余案，蝏螆叠韵[15]之字，即今蛏也，蛏是俗作字。海人呼蛏管。蛏形圆长，如竹管，两头开。闽粤[16]人以水田种之，谓之蛏田也。马刀即蚬[17]也（海人呼蚬字音显），形如锉草刀。《释鱼》之蠯，疑兼此二种。

注释

[1] 淡菜：贻贝，亦称海虹，煮熟后加工成干品——淡菜，是一种双壳类软体动物。壳为黑褐色，生活在海滨岩石上。分布于中国黄海、渤海及东海沿岸。

[2] 东海妇人：贻贝的别称，别名海红、海虹、红蛤、壳菜。

[3] 蠯：古书上说的一种形状狭长的蚌。

[4] 江东：指长江以东的地区，又称江左。

[5] 修：修长。

[6]《既夕礼》：儒家典籍《仪礼》第十三篇名。既，已也。《既夕礼》讲述先葬二日已夕哭时与葬间一日之仪节。这些仪节大致包括：请期，启殡；迁柩朝祖，载柩饰柩；国君遣使赠物助葬，宾客赠物助祭；宣读礼单和陪葬品，出殡；下葬及葬后反哭于庙等。

[7] 馈：食物。

[8] 醢：酱。

[9] 郑:《仪礼》的注解者,东汉大经学家郑玄(康成)。

[10]《医别录》:全名《名医别录》,药学著作。简称《别录》,三卷。约成书于汉末。是秦汉医家在《神农本草经》一书药物的药性功用主治等内容有所补充之外,又补记365种新药物。由于本书系历代医家陆续汇集,故称为《名医别录》,原书早佚。

[11] 李当之:又作李珰之,三国时期著名医家,为名医华佗弟子。少通医经,修神农旧经,得华佗真传,尤为精工于药学尤有研究,曾著《李当之药录》《李当之药方》《李当之本草经》,均早佚,后《说郛》中存有若干佚文。

[12] 汉间:汉代期间。

[13]《图经》:《本草图经》简称《图经》,又名《图经本草》,是古代中药学著作。宋代苏颂(1020—1101)等编撰。共20卷,目录1卷。本书收集全国各郡县的草药图,参考各家学说整理而成。苏颂与同时代的药物学家掌禹锡、林亿等编辑补注了《嘉祐补注本草》一书,校正出版了《急备千金方》和《神农本草经》,在此基础上,独力编著了《本草图经》21卷。

[14] 蜉蝣:也作"蝣蜉",一种长而狭的蚌。

[15] 叠韵:两个字的韵母或主要元音和韵尾相同。

[16] 闽粤:福建、广东两省。

[17] 蚬:也叫刀蚬,俗称鲜,双壳,形状狭长,属于双壳纲软体动物。

译文

蛏(根据《说文解字》,当为"陛"。又称"海蛏",即淡菜,又名东海夫人,这个说法不准确),《尔雅·释鱼》中载:"蛏,也就是蜃。"郭璞注解说:"今江东人对于长而窄的蚌,称作蜃"。《说文解字》中说:"蜃,也就是陛,修长的是蜃,偏圆的是蛎。"儒家典籍《仪礼》第十三篇《既夕礼》中说:"东方人的食物中,有蜃肉做的酱"。大经学家郑玄在注解为,"蜃,也就是蚌"。《神农本草经》一书中,将其唤为"马刀"。汉末药学著作《医别录》中载:"蜃,一名马蛤。"陶隐居注引用了三国时期著名医家李当之的话:"生于江河中,长度六七寸,汉代人叫它们'单母'(母字,宋代苏颂所撰的《本草图经》中作"姥")。其肉可食用,肉似蚌肉。现在的人一般都不了解它,大多数与蜉蝣类似,实际上不是蜉蝣"。据我考究,蜉、蝣二字叠韵,就是现在的蛏。蛏是通俗的写法,海边人也称作"蛏管"。蛏形状圆润而稍长,如竹管般,两头是开启的。福建、广东之人,利用水田来养殖蛏,通常叫作“蛏田”。而马刀是“蚬”（海边人发音，“蚬”为“显”），形状像锉草之刀，《尔雅·释鱼》中的“䗩”，我认为上述两种都是。

【常用中文名】蛏

【别名、俗名】蛏子　竹蛏　蛏管　马刀　蛏

【分　　类】帘蛤目竹蛏科

【形态特征】蛏为海产贝类，介壳两扇，形状狭而长，剃刀状，长可达20厘米。外面为淡黄色，里面呈白色。

【分布范围】蛏主要产于暖温带和亚热带海洋，中国辽东半岛和山东半岛的肥沃海区产量较高。

【生活习性】蛏生活在近岸的泥沙里，也可人工养殖。蛏的斧足大而活跃，能在洞穴中迅速上下移动，受惊时很快缩入洞内。蛏以短水管来摄食海中的食物颗粒，有的种类可借助水管喷水而作短距离游泳。

【价　　值】蛏营养丰富，富含蛋白质、脂肪、钙、磷、铁、碘等成分。蛏味甘、咸，性微寒，能滋阴清热、利尿，在产后催乳方面也有一定的功效。

土肉

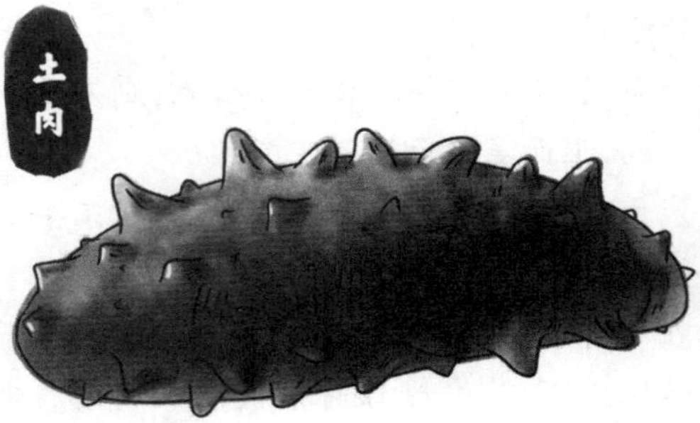

李善《文选·江赋》注引《临海水土异物志》曰:“土肉,正黑,如小儿臂大,长五寸,中有腹,无口目,有三十足,炙食[1]。”余案,今登莱海中,有物长尺许,浅黄色,纯肉无骨,混沌[2]无口目,有肠胃。海人没水底取之,置烈日中,濡柔[3]如欲消尽[4],瀹以盐则定[5],然味仍不咸,用炭灰腌之,即坚韧而黑,收干[6]之,犹可长五六寸。货致远方,啖者珍之,谓之海参,盖以其补益[7]人与人参同也。《临海志》所说当即指此。而云有三十足,今验海参乃无足,而背上肉刺如钉,自然[8]成行列,有二三十枚者。《临海志》欲指此为足,则非矣。

注释

[1] 炙食:烤熟可食用。
[2] 混沌:模糊,不分明。
[3] 濡柔:柔顺,柔软。
[4] 消尽:完全消除,完全消失。
[5] 定:定型,形状不再变化。
[6] 收干:收藏保存晾干。
[7] 补益:裨补助益。
[8] 自然:天然,非人为。

译文

唐代《文选注》作者李善，在注解《文选·江赋》时，引用了《临海水土异物志》中的说法："土肉，颜色纯黑，如小儿手臂般大小，长度约五寸，中部为其腹部，无嘴巴和眼睛，有足三十只，烤制食用。"据我考究，今登、莱二府海上，有一种生物长约一尺，颜色为浅黄，全是肉而没有骨头，没有嘴巴和眼睛，有肠胃等内脏。海边渔民入海将其捕获，置于烈日之下曝晒，越来越软，像要完全融化的样子。加盐烹煮，使其定型，然其味道并不咸。用炭灰予以腌制，则变得坚韧而黝黑，将其晾干，还有五六寸的长度。将其出售至远方，食用的人感觉非常珍贵，称为"海参"，大概是因为海参对人的进补作用如果人参一样。《临海水土异物志》中所述，应该是这个。然而说其足有三十，现在我们检查海参，发现海参没有足，但是它背部长着如钉的肉刺，很自然地排列着，有二三十个之多。《临海水土异物志》说这些是海参的足，就不正确了。

【常用中文名】海参

【别名、俗名】土肉

【分　　类】海参纲楯手目

【形态特征】海参身体为圆筒形，粗细、形状、大小随着种类不同而差异较大。常见的海参均为较粗壮的圆筒状，背面有疣足，腹面有管足。海参触手的形状是分目的重要依据，枝形触手见于枝手目海参；楯形触手见于楯手目和平足目海参；羽形触手见于无足目海参；指形触手见于指手目海参。海参触手数目通常为10个、15个、20个、25个或30个，一般是5的倍数。

【分布范围】分布世界各海，印度洋至西太平洋区种类较多。中国北方只有一种食用海参，即仿刺参；而海南岛和西沙群岛却出产十几种食用海参。

【生活习性】万米深海沟最普通的动物就是海参，但是深海海参是不能食用的。食用海参多栖息硬的石底、珊瑚礁底或珊瑚砂底。它们在海底能缓慢地匍匐前进，或者潜伏于沙底或躲藏在石下。刺参有"夏眠"现象，玉足海参有"冬眠"现象。楯手目海参多取食沉积物里的有机碎屑和微小生物，如海藻、有孔虫、放射虫、桡足类、介形类和小型贝类，随同沉积物一并吞入口中。海参有较强的再生能力，受到刺激或处于不良环境下，如水质污浊，氧气缺乏，身体常强力收缩，压迫内脏从肛门排出，这种现象称为排脏现象。内脏排出后能再生新的内脏。少数海参被横切为 2 ～ 3 段，各段也能再生为完整个体。

【价　　值】在各类山珍海味中位尊“八珍”，还具多种中医特指的补益养生功能。清朝赵学敏编的《本草纲目拾遗》有这样的叙述：“海参性温补，足敌人参，故名海参。味甘咸，补肾经，益精髓，消痰延，摄小便，壮阳疗痿，杀疮虫”。《药鉴》和《药性考》上，对于海参的药用价值有更详尽的记载。现代药理研究表明，海参具有多种活性成分，具有抗肿瘤、调节免疫力、抗氧化等多种药理作用。

石首鱼

石首者，脑中有白石子二枚，莹洁[1]如玉，《广雅》[2]云："石首，鯮也。"韦昭《晋语注》[3]云："石首成鵖(鵖音鸭)。"《初学记》[4]三十引《吴地志》[5]曰："石首鱼，至秋化为冠凫[6]。冠凫头中犹有石也"。然则鱼鸟同气[7]，雉[8]为蜃[9]，雀为蛤，亦其类也。鱼大者二尺许，小者尺许。京城人名大者曰同罗鱼，小者曰黄花鱼，皆巨口弱骨[10]细鳞，鳞作黄金色。海上人名为黄姑鱼，又名白姑、红姑、黑姑，皆因色为名耳。

注释

[1] 莹洁：晶莹而光洁。

[2]《广雅》：中国较早的一部百科词典，共收词汇 18 150 个，是仿照《尔雅》体裁编纂的一部训诂学汇编。《广雅》取材的范围要比《尔雅》广泛。书取名为《广雅》，就是增广《尔雅》的意思。三国魏时张揖撰。张揖字稚让，魏明帝太和中为博士。《广雅》成书于三国魏明帝太和年间(227—232)，是研究汉魏以前词汇和训诂的重要著作。

[3]《晋语注》：《国语》全书 21 卷，《周语》3 卷，《鲁语》2 卷，《齐语》1 卷，《晋语》9 卷，《郑语》1 卷，《楚语》2 卷，《越语》2 卷。《国语注》作者为三国吴韦昭。

又名《国语解》《春秋外传国语注》。

[4]《初学记》:唐代徐坚所撰写的一部古代中国综合性类书。共30卷,分23部。本书取材于群经诸子、历代诗赋及唐初诸家作品,保存了很多古代典籍的零篇单句。此书的编纂,原是为唐玄宗诸子作文时检查事类提供方便,故名《初学记》。

[5]《吴地记》:一卷,中国早期著名地方志书。旧题唐陆广微撰。后因散佚,宋人又有补录,有《后集》一卷,著者不详。所记皆吴、长洲、嘉兴、昆山、常熟、华亭、海盐七县之事,其中以吴县、长洲县为丰。

[6] 冠凫:传说由石首鱼变成的野鸭。

[7] 同气:气质相同或相近,也指有血缘关系的亲属。

[8] 雉:一种鸟,外形像鸡,雄的尾巴长,羽毛美丽,多为赤铜色或深绿色,有光泽,雌的尾巴稍短,灰褐色。善走,不能久飞。

[9] 蜃:中国神话传说的一种海怪,形似大牡蛎(一说是水龙)。《礼记·月令》中记载:"雉入大水为蜃。"

[10] 弱骨:柔细的骨头。

译文

石首鱼的鱼脑中有二枚白石子,晶莹如玉。中国较早的百科词典《广雅》中说:"石首鱼,也就是鯮鱼。"三国时期吴国人韦昭在作《晋语注》时说:"石首鱼化为䲦(䲦音鸭)"。唐代徐坚所撰古代中国综合性类书《初学记》卷三十中,引用《吴地志》中的描述:"石首鱼,到了秋天则化为野鸭。野鸭头中也有白石子。"那么鱼、鸟是具有亲属关系的。雉鸡化为蜃,雀化为蛤,也是一样的。石首鱼中大的二尺多长,小的一尺多。京城人把大者叫作"同罗鱼",小的叫作"黄花鱼",都是嘴巴较大、鱼骨细软、鳞片细小,鳞色金黄。海边人叫其为"黄姑鱼",还有"白姑""红姑""黑姑"等称谓,都是因为颜色而命名的。

【常用中文名】黄姑鱼

【别名、俗名】黄姑子　铜罗鱼

【分　　类】鲈形目石首科

【形态特征】黄姑鱼体延长,侧扁,背部隆起,略呈弧形,腹部广弧形。头中大,侧扁,稍尖突。吻短钝,吻端具小孔。眼中大,上侧位,在头的前半部,眼间隔宽凸。鼻孔两个,前鼻孔小为圆形;后鼻孔大为长圆形。口中大,亚端位,斜裂。下领稍短于上领。体及头后部被栉鳞。头前部被小圆鳞,颏部无鳞。背鳍连续,胸鳍尖长,大于腹鳍,尾鳍楔形。背侧面为灰橙色,腹面为银白色,背侧有许多灰色波状条纹。背鳍鳍棘上部为暗褐色,鳍条部边缘为黑色。胸鳍、腹鳍及臀鳍为橙黄色。

【分布范围】黄姑鱼分布于中国、朝鲜、日本、韩国、越南等。在中国分布于渤海、黄海、东海、南海。

【生活习性】黄姑鱼为近海中下层鱼类,喜欢栖息于水深 70 ~ 80 米泥或者沙泥底海域。有明显的季节洄游。具有发声能力,尤其是鱼群密集的生殖盛期。幼虫摄食虾类、幼鱼和多毛类,成鱼以小型鱼类、虾类和双壳类等底栖生物为主。

【价　　值】黄姑鱼是中国次要海产经济鱼类。沿海各渔场以春、夏两季为旺汛,产量以渤海、黄海最多,南海最少。味道鲜美,油炸、清蒸、煮食皆宜。主要为鲜销及冰冻销售,部分制作成干品。鳔和耳石可作药用。

乌贼鱼

乌贼，或作鰞鲗。鲗见《说文》。鰞，俗字[1]也，以其体黑，故有此名。或云，乌鸟所化；又云，浮水[2]上卷取乌食之。恐未然[3]也。《广韵》二十五德引崔豹《古今注》[4]云："一名河伯[5]度事[6]小史。"今莱阳海中多有之，其状如算袋[7]。《大观本草》引海人[8]云："昔秦王东游，弃算袋于海，化为鱼，两带极长，墨犹在腹。"是其形状也。今验其鱼，软甲有肉，口在腹下。多足，聚于口旁。其体唯有一骨，正白如雪，触之则散，细碎如盐。其味亦咸，可入药用，所谓海螵蛸[9]也。其肉炙食[10]之美。一名墨鱼，以吐墨得名。其墨有毒，故大鱼不敢啖之。或曰，见大鱼来即喷墨相向[11]，弥漫如云雾，大鱼皆远避矣。

注释

[1] 俗字：异体字的一种。流行于民间的文字为俗字，别于正字而言。

[2] 浮水：在水中游。

[3] 未然：不是这样，并非如此。

[4]《古今注》：三卷，晋崔豹撰。崔豹，字正熊，一作正能，晋惠帝时官至太傅。此书是一部对古代和当时各类事物进行解说诠释的著作。其具体内容，可以从它的八个分类略知大概。卷上：舆服一，都邑二；卷中：音乐三，鸟兽四，鱼虫五；卷下：草木六，杂注七，问答释义八。

[5] 河伯：古代中国神话中的黄河水神，原名冯夷，也作“冰夷”。
[6] 度事：衡量记录行为品行。
[7] 算袋：亦作“算帒”。旧时百官贮放笔砚等的袋子。
[8] 海人：海上渔民。
[9] 海螵蛸：中药名，又名墨鱼骨。分布于浙江、福建、山东等地。具有收敛止血，涩精止带，制酸止痛，收湿敛疮之功效。
[11] 相向：相对，面对面。

译文

乌贼，也写作“鰞鲫”。鲫字见《说文解字》中的解析。鰞，通俗的写法，因其身体呈黑色，所以有了这个名字。也有人说，乌贼是乌鸟化身而来；还说，浮在水面，向上跃起，捕获乌鸦而食之。恐怕这个说法是不准确的。《广韵》二十五德引用晋代崔豹撰写的《古今注》中的说法：“乌贼，一名河伯度事小史”。今莱阳海中，盛产乌贼。其形状如旧时贮放笔砚等的袋子。《大观本草》引用了当地渔民的话：“想当年秦王东巡，将算袋丢在水中，算袋化为鱼，其带子较长，算袋的墨还在乌贼鱼的腹内。”乌贼鱼的形状正是如此。现在我们来看，乌贼鱼有软壳，有肉，其口部位于腹部之下，足多，聚拢在口旁。它身体内只有一块骨头，纯白如雪，用手触碰则散，像食盐一般细碎。乌贼骨味道也是咸的，可以入药，也就是所说的“海螵蛸”，乌贼鱼的肉烤制，食之鲜美。另外一个名字叫“墨鱼”，因为能吐墨而得其名。乌贼的墨有毒，所以大鱼不敢吃它。还有一种说法，乌贼见到大鱼靠近即喷墨，则附近海水墨色弥漫，似云似雾，大鱼就都远远地躲避了。

【常用中文名】乌贼
【别名、俗名】乌鲫　花枝　墨斗鱼　墨鱼
【分　　类】乌贼目乌贼科
【形态特征】乌贼身体可分为头、足和躯干三个部分，躯干相当于内脏团，外被肌肉性套膜，具石灰质内壳（乌贼骨、墨鱼骨或海螵蛸，可入药）。头位体前端，呈球形。其顶端为口。头两侧具一对发达的眼，构造复杂。眼后下方有一椭圆形小窝，称嗅觉陷，为嗅觉器官。足已特化称腕和漏斗。腕有十条，八条为短腕，内侧密生吸盘，称为腕。另外两条较长、活动自如的足，称为触腕，只有前端内侧具吸盘，以供捕食用。

【分布范围】乌贼分布于世界各大洋,主要生活在热带和温带沿岸浅水中,冬季常迁至较深海域。中国乌贼种类较多。

【生活习性】乌贼喜欢栖息于远海的海洋深水中生活,每年春暖季节由深海游向浅水内湾进行产卵。乌贼以甲壳类、小鱼或软体动物为食。主要敌害是大型水生动物。乌贼遇到强敌时会以“喷墨”作为逃生的方法并伺机离开。乌贼是水中的变色能手,其体内聚集着数百万个红、黄、蓝、黑等色素细胞,可以在一两秒钟内做出反应调整体内色素囊的大小来改变自身的颜色,以便适应环境,逃避敌害。乌贼可在洄游中摄食甲壳类、软体类及其他小动物。

【价　　值】乌贼肉可食用,不仅味感鲜脆爽口,具有较高的营养价值,而且富有药用价值。墨囊内墨汁可加工为工业使用,也是一种药材。其内脏可以榨取内脏油,是制革的原料。其石灰质内壳,中医称为海螵蛸或者乌鱼骨。

鲳鱼

《玉篇》云:"鲳,鱼名。"不言其形。今海人云:"小者为镜[1],大者为鲳。"其形似魴而圆,如镜而厚。丰肉[2]少骨,骨又柔软。炙啖及蒸食甚美。此鱼古无传[3]者,始见唐《本草拾遗》,今莱阳、即墨海中多有之。

注释

[1] 镜:镜鱼,硬骨鱼类,隶属鲈形目、鲳科。为山东、河北、辽宁一带对鲳属鱼类的俗称。体侧扁而高,口小,前位,牙细小。成鱼无腹鳍,鳞细小,体呈银白色。为暖水性中下层鱼类。游泳较缓慢,食小生物及水母等。肉味细嫩鲜美,为较名贵鱼类。中国南北海区均有分布,为中国主要经济鱼类。

[2] 丰肉:鱼肉丰满。

[3] 传:充分或确切地说明、表达。

译文

《玉篇》中说,"鲳,鱼的名称。"没有说它的形态。当地渔民说:"小者为镜鱼,大者为鲳鱼。"鲳鱼形状像魴鱼,但是偏圆;像镜鱼,但是鱼体较厚。鲳鱼肉多骨少,骨体柔软。烤制或者烹煮,吃起来都鲜美可口。这种鱼在古代书籍中少有记载，最早记载它的是唐代的《本草拾遗》一书，现在莱阳、即墨海中鲳鱼出产很多。

【常用中文名】银鲳

【别名、俗名】昌鱼　车扁鱼　镜鱼　鲳鱼

【分　　类】鲈形目鲳科

【形态特征】银鲳体呈卵圆形。体背面与腹面狭窄，背腹缘皆呈弧形弯曲。体高以背鳍起点处为最高，由此向吻端坡度大。尾柄侧扁而短，其高稍大于长。头较小，侧扁而高。鼻孔两个，紧相邻。口小，在成体时微靠腹面。体被细小圆鳞，极易脱落。头部除两颌及吻部外，全部被鳞。侧线完全，位高，浅弧形，与背缘平行。背鳍棘呈小戟状，胸鳍长大。无腹鳍，尾鳍分叉，下叶较上叶稍长。体背部青灰色，腹部乳白色，皆有银色光泽。全体密布有黑色小斑点，各鳍淡灰色。

【分布范围】银鲳分布于中国、朝鲜和日本，中国沿海均产。

【生活习性】银鲳为近海暖温性中下层鱼类，栖息于水深 30 ～ 70 米的海区。喜在阴影中群集，早晨、黄昏时在水的中下层。有季节洄游现象，冬季在外海越冬，春季由深水至近海浅水区做生殖洄游。银鲳成鱼主要摄食水母、底栖动物和小鱼；幼鱼主食小鱼、箭虫、桡足类等。

【价　　值】银鲳肉质洁白、细嫩、少刺，富含蛋白质、脂肪、多不饱和脂肪酸等营养元素。肌肉中还含有钙、磷、铁、钠、钾、维生素 A 和 B 族维生素等，经常食用能强身健体以及预防心肌梗死、脑血栓等疾病，因而备受养殖业者和消费者的喜爱。

沙鱼

沙鱼[1]，色黄如沙，无鳞有甲[2]。长或数尺，丰上杀下[3]。肉瘠[4]而味薄[5]，殊[6]不美也。其腴[7]乃在于鳍，背上腹下皆有之，名为鱼翅。货者[8]珍之，瀹以温汤。摘去其骨，条条解散[9]，如燕菜而大（燕菜，俗名燕窝）。色若黄金，光明条脱[10]。酒筵间以为上肴[11]。

注释

[1] 沙鱼：鲨鱼。

[2] 甲：坚硬的外壳。

[3] 丰上杀下：上宽下尖。即头部宽，尾部尖。

[4] 瘠：瘠薄，不肥。

[5] 味薄：味淡，不浓。

[6] 殊：副词，很、极。

[7] 腴：肉，肥肉。

[8] 货者：购买者。

[9] 解散：分解开来。

[10] 条脱：清楚地分离。

[11] 上肴：上等菜肴。

译文

沙鱼，鱼体颜色为黄色，如沙一般，它没有鱼鳞，但是体表包裹着坚硬的鱼皮。沙鱼身长好几尺，整体形状为头部宽、尾部窄。其肉不肥，味道淡泊，口感极其一般。沙鱼的肉主要在鱼鳍之上，鱼鳍背上腹下都有，名叫“鱼翅”。购买的人认为鱼翅很珍贵，用温汤进行烹煮。剔去沙鱼鱼骨，鱼鳍便条条散开，如同燕菜，但是比燕菜大些(燕菜，俗称燕窝)。鱼翅光亮整齐，酒宴中奉为上品。

【常用中文名】鲨鱼

【别名、俗名】鲛　沙鱼　画虎

【分　　类】软骨鱼纲板鳃亚纲鲨总目

【形态特征】鲨鱼体呈长纺锤形。鳃裂侧位，胸鳍正常；歪尾型。头两侧有腮裂，但类似普通鱼。鲨鱼内骨骼完全由软骨组成，常钙化，但无任何真骨头组织，外骨骼不发达或退化。鲨鱼皮肤坚硬，呈暗灰色，牙齿状鳞片使皮肤显得粗糙。尾部强壮有力，不对称、上翘；鳍呈尖状；吻尖，前突，吻下有新月形嘴及三角形尖牙。牙齿由齿质、骨齿质和类珐琅质等构成，它是由盾鳞演变而来的，齿的形态为分类依据之一。鲨鱼无鳔，需不停地游泳以免沉到水底。鲨鱼属卵生或卵胎生。

【分布范围】热带、亚热带海洋。中国分布于东海、南海、黄海等海域。少数种类可进入淡水。

【生活习性】鲨鱼几乎都是肉食性种类，只有少数以浮游生物为食。肉食性鲨鱼两颌发达，下颌收缩肌强，牙齿锋利，所以咬合力强，可食软体动物、甲壳类、大型鱼类及海生哺乳动物，少数种类会袭击小船或人类。在海洋生态系统中，鲨鱼是生物链的顶端，对维护生态平衡有着重要作用。

【价　　值】鲨体内含有多种生物活性成分，如抗癌因子、角鲨烯、黏多糖，等等。鲨鱼药用始见于《本草经集注》，在中国民间，鲨软骨提取物、鲨肝油等早已被用于治疗癌症等疾病。

【特别提醒】1999年，鲸鲨、姥鲨和噬人鲨3种被列入《濒危野生动植物种国际贸易公约》附录II中，严禁贸易交流活动。自2004年以来，已经有60多个国家禁止加工生产鱼翅。

偏口鱼

《文选·吴都赋》云："双则比目[1]，片[2]则王余。"刘逵注云："王余鱼，其身半也。俗云，越王[3]脍[4]鱼未尽，因以残半弃水中，为鱼。遂无其一面，故曰王余。"今案，王余，即偏口也。鳞细而白，体薄如鲂，唯一面有鳞为异[5]。其口偏在有鳞一边，极似比目鱼，但比目，一目须两片相合，此鱼两目连生，唯口偏一处耳。又有一种，黑鳞而大，名曰呀偏。长三四尺，蒸啖之美。比目鱼，紫黑色，状如牛脾，又如鞋底，俗名鞋底鱼。《尔雅·释地》注，以比目、王余为一鱼，误矣。今王余鱼，出登莱海中。比目鱼，日照海中有之（比目鱼，一名东鲽，见《绀珠集》[6]引郑康成[7]《尚书·中候[8]注》）。

注释

[1] 比目：鲽形目鱼类的统称。无鳔，以蠕虫、甲壳类等动物为食。比目鱼具有扁平的身体，眼睛只生长在身体的一侧，具有不对称结构。

[2] 片：单个，单只。

[3] 越王：越国君主，即指先秦时期越国的君主，多指越王勾践。宋高承《事物纪原·虫鱼禽兽·脍残》载："越王勾践之保会稽也，方斫鱼为脍，闻有吴兵，弃其余于江，化而为鱼，犹作脍形，故名脍残，亦曰王余鱼。"

[4] 脍：把鱼、肉切成薄片。

[5] 为异：和其他的有分别，不相同。

[6]《绀珠集》：古代中国笔记小说总集。宋人编，作者姓名不详。晁公武《郡斋读书志》载有《绀珠集》13卷，称为朱胜非编《百家小记》而成，以旧说张燕公有绀珠，见之则能记事不忘，故以为名。

[7] 郑康成：即郑玄(127—200)，字康成，北海郡高密县(今山东高密)人。东汉末年儒家学者、经学大师。郑玄以毕生精力注释儒家经典，至今保存完整的，有《周礼注》《仪礼注》《礼记注》，合称《三礼注》，还有《毛诗传笺》。失传后经后人辑佚而部分保存下来的有《周易注》《古文尚书注》《孝经注》《论语注》。

[8]《中候》：书名。汉代谶纬之书，18篇，主要是模仿《尚书》的文体，记述古代帝王的符命瑞应，以证明这些朝代和帝王兴起应乎符瑞，合乎天命。此书是汉代纬书中产生较早、较有影响的一部，与“七纬”并称“纬候”，成为谶纬之学的代名词。《隋书•经籍志》著录5卷，汉郑玄注。又言“梁有8卷，今残缺”。此书尚有魏宋均注，疑此8卷本即宋注本。《旧唐书•经籍志》和《新唐书•艺文志》均不著录，盖其时已残缺或佚失。

译文

《文选》中《吴都赋》一篇写道：“身体为两面的为比目鱼，身体仅为单面的叫王余鱼。”刘逵在注解时指出：“王余鱼，身体仅有一半。据传说，越王勾践命人将鱼切为细丝，尚未完成，因吴兵追赶，而将残半丢入水中，化为鱼。这种鱼身体只有一半，因而得名‘王余’。”据我考究，王余鱼，就是偏口鱼。鱼鳞细而色白，身体薄，如鲂鱼类似，令人称奇的是仅有一面有鱼鳞。偏口鱼的鱼嘴偏在有鱼鳞的一面，其外形很像比目鱼。但是比目鱼的眼睛，须两片肌肤相合而形成。而偏口鱼两只眼睛相连而生，只是其嘴巴，偏向一处。还有一种，鱼鳞色黑，体型较大，名叫呀偏鱼。体长约三、四尺，蒸食味道最佳。比目鱼，颜色紫黑，形状如牛脾一般，又像鞋底，俗称“鞋底鱼”。《尔雅•释地》中注解说，比目、王余为一鱼，这种说法是不正确的。如今，王余鱼出产登莱二府海上。比目鱼则出产于日照海中(比目鱼，也叫东鲽，《绀珠集》引用了引郑康成《尚书•中候注》，就是这么说的)。

【常用中文名】偏口鱼

【别名、俗名】粒鲽

【分　类】鲽形目鲽科

【形态特征】偏口鱼体长卵圆形，很侧扁，尾柄短而低。眼中大，两眼位于头的右侧，上眼紧邻头的背缘，下眼位更靠前。眼间隔稍宽，有棱。吻短，吻部密布小疣突。有眼侧有鼻孔两个，位于眼间隔正前方。无眼侧的两鼻孔位较高。口前位，口裂斜，左右不对称。上下颌牙大，圆锥形，各两行。舌小，前端尖，唇厚。体无鳞，有眼侧密布粗糙骨质瘤突，大小不同，无眼侧光滑，左右两侧侧线同样发达。背鳍起于无眼侧鼻孔前上方，臀鳍始于胸鳍基底下方。有眼侧胸鳍较长。腹鳍短，左右对称，尾鳍为圆形。有眼侧呈灰褐色，无眼侧呈灰白色。

【分布范围】偏口鱼分布于中国、朝鲜和日本。在中国主要分布于黄海、东海，黄海北部较少见。

【生活习性】偏口鱼栖息于沙泥底质水域底层，无长距离洄游习性，仅随季节变化在深浅水之间移动。其主要食物为鱼类、甲壳类。

刀鱼　箴鱼

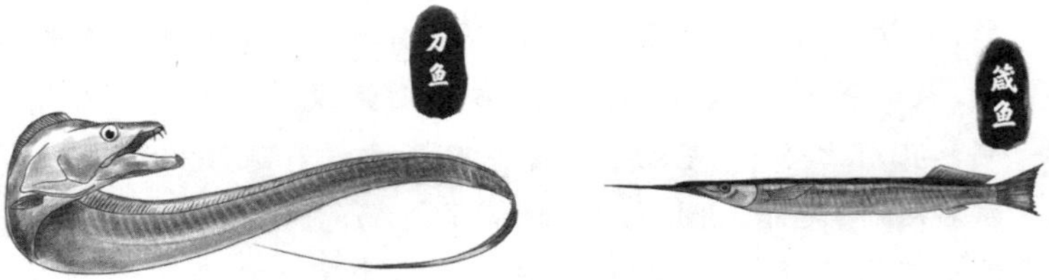

刀鱼，体长而狭薄。银色鲜明，宛[1]成霜刃[2]。腹下攒刺[3]，铦[4]若剑芒[5]。案，《尔雅》云："鮤鱴刀"，郭[6]以为"鮆鱼"。《说文》："刀鱼，九江有之。"今登、莱人呼为林刀鱼。林、鮤一声之转。是刀鱼，江海皆有，海中者无鳞为异耳。箴鱼，俗名箴梁鱼（箴，音针），其形细长，骨体碧色，全似公蛎蛇[7]。唯喙[8]余数寸，颖出[9]欲穿。箴、刀二鱼，皆锐头[10]长颈，箴鱼独以喙得名。《东山经》[11]云："箴鱼，其喙如箴[12]"。郭注："出东海"。

注释

[1] 宛：似乎，好像，仿佛。

[2] 霜刃：明亮锐利的锋刃。

[3] 攒刺：聚集生长的刺。

[4] 铦：锋利。

[5] 剑芒：亦作"剑铓"，剑锋。

[6] 郭：曾为《尔雅》等书作注的东晋文学家与思想家、河东闻喜（今山西闻喜）人郭璞。

[7] 公蛎蛇：游蛇科动物，可以入药。体背面呈橄榄色，或青灰色，纵列有多数小黑点。头后至颈部背面中线有1条黑纵线。腹面黄色，其前后缘均有暗灰色的斑点，尾腹侧中央有一条青黄色的纵纹。生活于水田、池、沟等地，捕食鱼类，有轻微毒性。

[8] 喙：嘴。

[9] 颖出：即脱颖而出。锥尖穿出布袋来，比喻才能全部显露出来。颖：锥芒。
[10] 锐头：尖头。
[11] 《东山经》：即《山海经·东山经》。
[12] 箴：同“针”。

译文

刀鱼，身体较长，鱼体窄而薄。通体银色，鲜明亮丽，宛如明亮锐利的锋刃。刀鱼腹下有聚集生长的刺，如剑锋般锐利。据我考究，《尔雅》中载其名为“鮤鱴刀”，郭璞在注解时，认为是“鮆鱼”。《说文解字》中说：“刀鱼，九江有之。”今登、莱二府称为“林刀鱼”。“林”“鮤”为音转的缘故。这种刀鱼，江、海中都有，生活在海中者没有鳞片，令人称奇。箴鱼，俗名箴梁鱼（箴，音针），体型细长，鱼骨碧绿色，外形与公蛎蛇相似。唯一不同的是，鱼嘴数寸长，且尖锐欲穿。箴鱼、刀鱼二种鱼，都是头部尖锐，脖颈较长，箴鱼是以其嘴得名的。《山海经·东山经》中说：“箴鱼，嘴如针”。郭璞注解说，出产于东海。

【常用中文名】刀鱼
【别名、俗名】刀鲚　毛刀鱼　篾刀鱼
【分　　类】鲱形目鳀科
【形态特征】刀鱼体长形，甚侧扁，背缘平直，腹缘隆凸。前部微弧形，向后渐小，尾尖细。头中大，吻突出，略钝圆，吻长略大于眼径。眼略大，眼间突。每侧两鼻孔，接近眼前缘。口大，下位，口斜裂，下颌略短于上颌。体被薄圆鳞，易脱落，无侧线。背鳍较短，位于体前部，稍后于腹鳍起点。臀鳍甚长，末端与尾鳍相连。腹鳍短小，位于背鳍前下方。尾鳍小，尖长，不对称，上叶大于下叶，下叶与臀鳍连接。背部为浅黄褐色，体侧及腹面为银白。吻、头顶、鳃盖、背鳍和胸鳍皆呈橘黄色；腹鳍和臀鳍为浅黄，尾鳍边缘稍暗，均无斑纹。
【分布范围】刀鱼分布于中国、朝鲜、日本。在中国分布于东海、黄渤海以及入海江河，如闽江、长江、黄河、辽河等中下游，均有分布。
【生活习性】刀鱼为近海洄游性鱼类，食物以虾类、小鱼和软体动物等为主，而虾类所占比重最大。黄河刀鱼每年 4 月游至河口附近就地摄食，4 月中旬到 6 月中旬分批集群沿河上溯作产卵洄游。上溯洄游期间停

止摄食。产卵后部分顺流而下，但是有部分留在湖区摄食，经过一段时间再降河入海。

【价　　值】刀鱼味美，是重要经济鱼类，黄河刀鱼资源丰富，主要为捕捞产卵鱼群。刀鱼的脂肪含量高于一般鱼类，且多为不饱和脂肪酸，具有降低胆固醇的作用。刀鱼鳞及银白色油脂层含抗癌元素，对辅助治疗白血病、胃癌、淋巴肿瘤等疾病有益。刀鱼富含镁元素，对心血管系统有很好的保护作用。

【常用中文名】鱵梁鱼

【别名、俗名】鱵鱼　针良鱼　双针鱼　鹤嘴鱼　青条

【分　　类】颌针鱼目颌针鱼科

【形态特征】鱵梁鱼体细长，颇侧扁，躯干部背、腹缘近平直，相互平行。头长，头顶部较平扁。吻尖长突出。口大，平直，向后伸达眼下方。前上颌骨和下颌骨均延长成长喙。下颌略长于上颌。眼中大，圆形，上侧位。眼间隔宽大于眼径，呈浅凹状。鼻孔大，每侧一个，呈三角形，位于眼前缘。体被细小圆鳞，除头的颏部及喙上无鳞外，余均被鳞，易脱落，排列不规则，侧线鳞较大。背鳍位于尾部，靠近尾鳍。臀鳍与背鳍同形。胸鳍较小，上侧位。腹鳍小，后腹位。尾鳍稍内凹。体侧背上方呈翠绿色，体侧下方至腹部为银白色。背鳍和臀鳍后缘突出部及尾鳍末端呈淡黑色，腹鳍无色，胸鳍末端呈淡黑色，骨骼呈翠绿色。

【分布范围】鱵梁鱼分布于朝鲜、日本和中国沿海。

【生活习性】鱵梁鱼为暖温性近海中上层凶猛鱼类。喜栖息于河口，不成大群，以幼鱼及小虾为食。沿海夏季较为常见，用流刺网可少量捕获，因具有趋光性，在灯光诱捕上层鱼时常被兼捕。

【价　　值】鱵梁鱼是一种高营养食材，其富含蛋白质、脂肪以及人体必需的氨基酸，能有效地缓解体虚、强壮身体。它还富含丰富的磷脂和微量元素锌和镁，有健脑益智的作用与功效。另外，鱵梁鱼还具有补钙壮骨和预防高血糖等作用。

海狗

即腽肭兽[1]也。其形前头似狗，后尾类鱼，亦似羊尾。有脚而短，浅毛[2]而黑。以肾为珍，详见《本草》。出登州海上。唐时采[3]以充贡，与牛黄[4]并重，谓此也。海水冬温，虽严寒不冻，常以立春后十八日始冰。海狗乳[5]冰上，猎人伺[6]其乳，以火器击取之，然溟渤[7]层冰，浑茫[8]无际，或时[9]断裂。峭壁悬崖，初日[10]晶莹，不可逼视[11]。猎人以铁钉施[12]鞋底，履冰腾跃，驰逐[13]如飞。至于流澌[14]冻解，亦时遭陷没[15]焉。

注释

[1] 腽肭兽：海狗，大型海生哺乳动物。腽肭兽也称海熊、阿拉斯加海狗，雄性比雌性大，在海上毛色为灰色，在陆地上毛色为棕色。善游泳、潜水，主食各种鱼类和鱿鱼，分布于北太平洋的广大地区，具有洄游习性。雄性北海狗的生殖器称为“腽肭”，可入药。

[2] 浅毛：兽毛不厚。

[3] 采：采集，搜集。

[4] 牛黄：脊索动物门哺乳纲牛科动物牛胆囊的胆结石。在胆囊中产生的称“胆黄”或“蛋黄”，在胆管中产生的称“管黄”，在肝管中产生的称“肝黄”。牛黄

完整者多呈卵形，质轻，表面金黄至黄褐色，细腻而有光泽。中医学认为牛黄气清香，味微苦而后甜，性凉。可用于解热、解毒、定惊。

[5] 乳：生子，生产。

[6] 伺：侦查，守候。

[7] 溟渤：溟海和渤海。多泛指大海。溟海是神话传说中的海名。

[8] 浑茫：谓广大无边的境界；模糊、不分明。

[9] 或时：有时。

[10] 初日：旭日，刚升起的太阳。

[11] 逼视：靠近目标紧紧盯着。

[12] 施：在物体上加某种东西。

[13] 驰逐：奔驰追赶，疾驰追逐。

[14] 流澌：亦作“流凘”。江河解冻时流动的冰块。

[15] 陷没：陷落，沉没。

译文

海狗，就是腽肭兽。其头部像狗头，尾部像鱼尾，也像羊尾。海狗有脚，但是稍短，兽毛不厚，但是颜色黝黑。海狗肾是难得的中药材，其详细功效可以参见《神农本草经》。海狗出产于登州府海上。在唐代，海狗肾是予以进献的贡品，与牛黄价值比肩，说的就是它。海水在冬天是温的，尽管天气严寒，却不冻结，通常在立春后十八日开始结冰。海狗在冰上产子，猎人在暗处守候，用火器攻击它，然而海上冰层，模糊无边，有时冰层破裂。同时，悬崖峭壁间，旭日东升，晶莹炫目，不可直视。猎人往往在鞋底上施以铁钉，踩着冰层，奔跑跳跃，健步如飞。冰层解冻，也时常遭遇沉没水中的危险。

【常用中文名】 海狗

【别名、俗名】 皮毛海狮　腽肭兽

【分　　类】 食肉目海狮科

【形态特征】 海狗为哺乳动物，生活在海洋中。它体肥健壮，像狗形，因而得名海狗。雄兽身长达 2.5 米，雌兽身长仅及其半。形圆而长，至后部渐瘦削，呈纺锤形。吻部短，旁有长须。额骨高，眼睛较大，有小耳壳，体被刚毛和短而致密的绒毛，背部呈棕灰色或黑棕色，腹部色浅，四肢

均有五趾，趾间有蹼，呈鳍状，适于在水中游泳。后肢在水中方向朝后，上陆后则可弯向前方，用四肢缓慢而行。尾甚短小，身体为深灰褐色，腹部为黄褐色。

【分布范围】海狗多生活在寒带或温带海洋中，分布于北太平洋，偶见中国黄海及东海海域。

【生活习性】海狗以鱼类和乌贼类为主要摄食对象。主要捕食鳕鱼和鲑鱼，也食海蟹、贝类。白天在近海游弋猎食，夜晚上岸休息。海狗听觉和嗅觉灵敏。除繁殖期外，它没有固定栖息场所。海狗一般在傍晚时捕食，这在一定程度上避开了它们的天敌（鲨鱼、鲸、北极熊等），因为此时光线昏暗，海狗不易被发现。海狗是食肉动物，它们的食物来源十分广泛，主要有头足类的软体动物、东太平洋鳕、黄线狭鳕、鳟鱼、狼鱼、各种海鞘等。捕食鱼类时，海狗会潜入水下，悄悄地跟在猎物的后面，随后咬住猎物。海狗无法咀嚼，因此它们直接吞下食物，或者把食物撕成小块后吞下。

【价　　值】海狗肾，别名腽肭脐，可用于医治阳虚祛寒、阳痿遗精、早泄、腰膝酸软、心腹疼痛等症状。

【特别提醒】海狗系国家二级保护动物，严禁抓捕。

虾

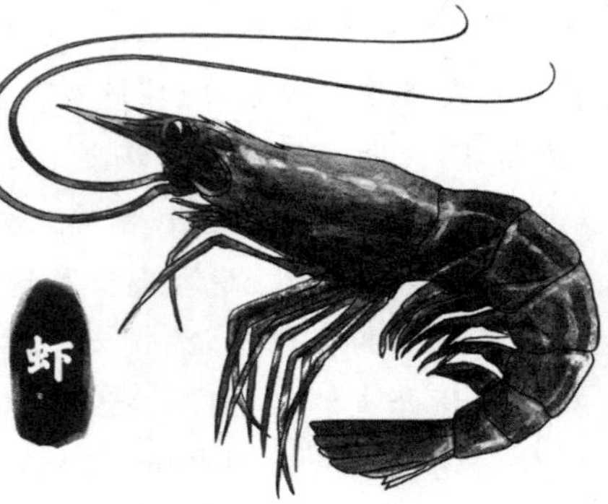

海中有虾，长尺许，大小如小儿臂，渔者网得之，俾[1]两两而合，日干[2]或腌渍，货[3]之，谓为对虾。其细小者，干货之，曰虾米也。案，《尔雅》云："鰝，大虾。"郭注："虾，大者，出海中，长二三丈，须长数尺。今青州呼虾鱼为鰝。"《北户录》[4]云："海中大红虾，长二丈余，头可作杯，须可作簪[5]。其肉可为脍，甚美。"又云："虾须有一丈者，堪[6]柱杖。"《北户录》之说与《尔雅》合。余闻榜人[7]言，船行海中，或见列桅[8]如林，横[9]碧若山。舟子[10]渔人动色[11]，攒眉[12]相戒[13]勿前，碧乃虾背，桅即虾须矣。

注释

[1] 俾：使，把。
[2] 日干：晒干。
[3] 货：出售。
[4]《北户录》：唐代岭南中国风土录，三卷，段公路著。段公路（生卒年不详），《学海类编》作"段公璐"。《新唐书·艺文志》说他是宰相文昌之孙。唐懿宗时人，曾任京兆万年县尉，是书为作者亲自南游五岭间采撷民间风土、习俗、歌谣、哀乐等而作。

[5] 簪：簪子，旧时用来别住头发的一种饰物。用金属、玉石、骨头等制成。
[6] 堪：能够，可以。
[7] 榜人：船夫，舟子。
[8] 列桅：一排排桅杆。
[9] 横：充满，遮盖。
[10] 舟子：驾船之人，船夫。
[11] 动色：因(惊恐、激动等原因)而脸色改变。
[12] 攒眉：皱眉，表示紧张或不愉快，愁眉苦脸。
[13] 相戒：相互警告劝诫。

译文

海中有虾，长约一尺，其大小如儿童胳臂，渔民用网将其捕获，使其两两相对，晒干或者腌制后，将其出售，称为“对虾”。虾中有小的，晒干出售，称作“虾米”。据我考究，《尔雅》中说：“鰝，即为大虾。”郭璞注解说：“虾，体型大的，出产海中，二三丈长，虾须数尺长，今青州人称虾为鰝”。唐代岭南中国风土杂记《北户录》一书中说：“海中产大红虾，长约两丈，虾头可以用来制作酒杯，虾须可以用来制作发簪，其肉烹饪，味道鲜美”。还说：“虾须有长一丈左右的，可以用来当作手杖之用。”《北户录》中的说法与《尔雅》基本相同。我还常听渔民说，行船于海上，有时见桅杆排排如林，绿色一片，如层峦叠嶂。船夫惊恐失色，皱起眉头，相互告诫，不敢向前。碧色是虾背的颜色，桅杆则是虾须。

【常用中文名】对虾
【别名、俗名】东方对虾　中国对虾　斑节虾
【分　　类】十足目对虾科
【形态特征】对虾身体长而略侧扁。雌雄异体，成体雌虾大于雄虾，体色也有所不同。对虾雌虾体色灰青，雄虾体色发黄。对虾体外包被着一层甲壳，是由其下方的表皮细胞分泌而成。身体前部为头胸部，较粗短，由头部六节和胸部八节组合而成，分节不明显。覆盖头胸部的背面和两侧的是坚硬的头胸甲。前端中央有平直前深、细长尖利的俗称虾枪或额剑的额角，具有保护眼睛和防御敌害的作用。额角侧扁，上下缘皆有短齿，呈锯齿状。额角的下方两侧有一对复眼，眼柄能

自由活动。口位于头部腹面的一对大颚之间,大颚被上下唇所覆盖。后部为腹部,较细长,由七节构成,分节明显。末端甚尖,成为尾节。腹部各体节背面及两侧均包被比较坚硬的甲壳,前一片后缘均覆于后一片之上,相连处甲壳薄而柔软,前后折叠,以便于体节的运动。对虾附肢共 19 对,形状与功能各异。

【分布范围】对虾在海洋淡水均有分布。中国海域宽广、江河湖泊众多,盛产海虾和淡水虾。

【生活习性】对虾可分为定居型和洄游型。渤海的对虾属定居型,栖息于沿岸浅海,白昼常潜入沙底内,不做大范围的移动。对虾主要以底栖无脊椎动物为食,如多毛类、小型甲壳类和双壳类软体动物,有时也捕捉浮游动物。

【价　　值】对虾营养丰富,且其肉质松软,易消化,对身体虚弱以及病后需要调养的人的食物。虾皮中含有丰富的钙。还含有一种被称为甲壳质的动物性纤维,它是多糖的一种,不能被人体消化吸收,经过化学处理后将其溶解在水中可制成健康食品壳聚糖。

薄赢

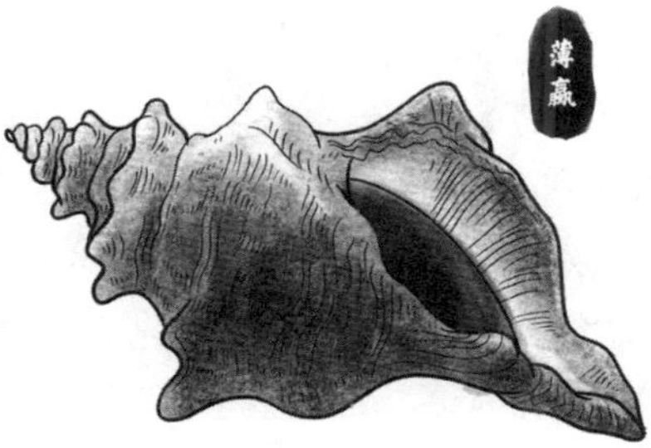

《淮南子·俶真训》[1]高诱[2]注云："赢蠡，薄赢也。"以今所见，海赢有数种，总名海薄赢。《吴语》[3]云："其民必移就[4]蒲赢于东海之滨。"蒲赢，即薄赢也。蒲、薄二字，古多通用。韦昭不知蒲、赢乃一物，反以蒲为深蒲[5]，赢为蚌、蛤之属[6]，误矣。《西山经》[7]郭璞注云："赢母，即�螺也。"《夏小正传》[8]云："蜃者，蒲庐也。"蒲庐即蒲赢，蝶螺即薄赢，俱一声之转。《尔雅·释鱼》云："赢，小者蜬。"郭注："螺大者如斗，出日南[9]涨海[10]中，可以为酒杯。"然则《尔雅》举小，郭璞举大，广异语也。今登莱海上，未见如斗之赢，而幺[11]蜬无数，名类[12]实繁。婉童[13]、倩女争携筠篮[14]，每伺潮退，浅濑深隈[15]，摭拾[16]殆[17]遍。傍晚潮生，虚往实归[18]矣。或大如拳，壳厚而嶙峋[19]，如蒺藜饶[20]刺，俗名招招子。一种壳长名来怜子，来怜亦赢蠡之声转，或俱名薄赢子。

注释

[1]《淮南子·俶真训》：西汉淮南王刘安所编《淮南子》中的一篇，全书共由24个部分构成。刘安（前179—前122），西汉皇族。汉高祖刘邦之孙，淮南厉王刘长之子。传说刘安是豆腐的发明人。

[2]高诱：东汉涿郡涿县（今河北涿州）人，约180年前在世。高诱学涉经史，精于校注，注释儒学经典和诸子文献多种，著有《孟子章句》（今佚）、《孝经注》（今佚）、《战国策注》（今残）、《淮南子注》（今与许慎注相杂）、《吕氏春秋注》等书，并有论、叙等文章多篇。

[3]《吴语》:《国语》中之《吴语》。

[4] 移就:移殖,移居。

[5] 深蒲:蒲菜,又名蒲蒻久、蒲笋、蒲芽、蒲白、蒲儿根、蒲儿菜,为天南星科多年生植物香蒲的假茎。多生于沼泽河湖及浅水中,中国江苏、浙江、四川、湖南、陕西、甘肃、河北、云南、山西等地都有分布,以南方水乡最多。

[6] 属:类别。

[7]《西山经》:《山海经·西山经》,作者不详。

[8]《夏小正传》:《夏小正》一书的注本。《夏小正》是中国现存最早的一部记录农事的历书,收录于西汉戴德汇编《大戴礼记》第47篇。在《隋书·经籍志》首次出现《夏小正》单行本。该历书可窥见先秦中原农业发展水平,保存了古代中国的天文历法知识。《夏小正》撰者无考。一般认为成书时间为战国时期、两汉之间。

[9] 日南:日南郡,中国古代郡的名字,其范围在如今越南社会主义共和国的中部地区。汉武帝元鼎六年(前111),西汉王朝灭南越国,在百越地区设置了南海、苍梧、郁林、合浦、交趾、九真、日南、珠崖、儋耳共9个郡,隶属交趾刺史部。《汉书·地理志注》师古注曰:"言其在日之南,所谓开北户以向日者。"

[10] 涨海:中国南海的古称。《琼州府志》在解释"涨海"的含义时说:"南溟者天池也,地极燠,故曰炎海;水恒溢,故曰涨海。"

[11] 幺:小,幼小。

[12] 名类:名称和类别。

[13] 婉童:同"宛童",小孩子,儿童。

[14] 筠篮:竹篮。

[15] 浅濑深隈:浅浅的小溪和深深的河湾。

[16] 摭拾:拾,捡。

[17] 殆:几乎,差不多。

[18] 虚往实归:空着篮子去,满载而归。

[19] 嶙峋:形容山石等突兀、重叠。

[20] 饶:多,丰饶。

译文

西汉淮南王刘安所著的《淮南子》中有《俶真训》一篇,东汉经学家高诱注解时说："蠃螽，就是薄蠃。"从现在的情况可知，海蠃有很多种，其总名叫作海薄蠃。《国语》中的《吴语》说道："其民众一定将蒲蠃移殖到东海海滨。"蒲蠃，也就是薄蠃。蒲、薄两个字，在古代多通用。三国时期吴国的韦昭，在作《国语解》时，不清楚蒲、蠃乃一种东西，反而认为蒲为蒲菜，蠃为蚌、蛤之贝类，这个说法是不正确的。郭璞在注解《山海经·西山经》时说："蠃母，也就是蝶螺。"中国现存最早的记录农事的历书《夏小正》记载："蜃，就是蒲庐。"蒲庐就是蒲蠃，蝶螺就是薄蠃，都是由读音改变的原因造成的。《尔雅·释鱼》中说："蠃，小的叫作'蜬'"。郭璞在注解时说："螺大者如斗，出产于日南郡南海中，可以用来做酒杯。"然而《尔雅》举小蠃为例，而郭璞却举大螺为例，也是很奇怪的事情。如今登、莱二府的海上，没有见过像斗一般大的蠃，而小螺却盛产，且种类繁多。儿童、少女争相手提竹篮，等候潮水退去，在浅浅的小溪和深深的河湾中，尽情拾取。到傍晚时分，潮水复涨，满载而归。有的蠃大如拳头，壳厚，表面如嶙峋山势，又像多刺的蒺藜，俗名叫"招招子"。有一种壳长的叫"来怜子"，来怜也是蠃螽的读音改变的结果，或者统称"薄蠃子"。

【常用中文名】海螺

【别名、俗名】薄蠃　峨螺　凤螺

【分　　类】软体动物门腹足纲骨螺科

【形态特征】海螺贝壳边缘轮廓略呈四方形，大而坚厚，壳高达 10 厘米左右，螺层 6 级，因品种差异，海螺肉可呈白色至黄色不等。海螺壳呈灰黄色或褐色，壳面粗糙，具有排列整齐而平的螺肋和细沟，壳口宽大，壳内面光滑呈杏红色或灰黄色，有珍珠光泽。足位于身体的腹面，为块状，肌肉较发达，适合爬行。

【分布范围】海螺主要产于沿海浅海海底，遍布世界各地。种群主要集中在环太平洋、印度洋等海域，在中国主要以山东、辽宁、河北居多。

【生活习性】海螺为暖海产物种，主要生活栖息在低潮线、水深 1 ～ 30 米的碎珊瑚底质的浅海处。海螺活动较慢，主要夜间活动，常以海藻及微小生物为食。

【价　　值】海螺含有丰富的维生素 A、蛋白质、铁、钙等营养元素，是典型的高蛋白、低脂肪、高钙质的天然动物性食品。海螺壳可供观赏或制作工艺品。

寄居

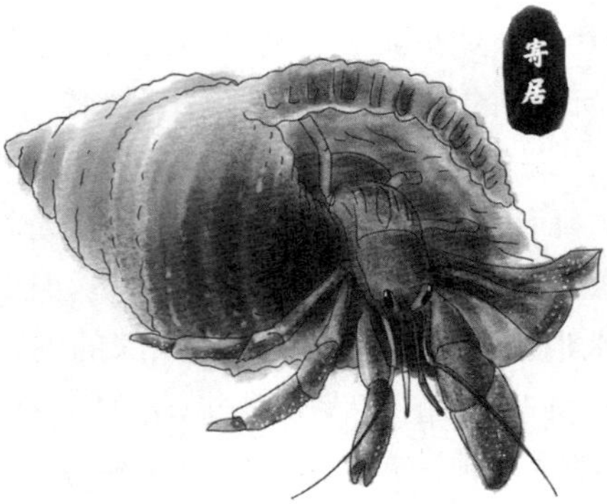

薄蠃之异种[1]也。《艺文类聚》[2]九十七引《南州异物志》[3]云:"寄居之虫,如螺而有脚,形如蜘蛛,本无壳,入空螺壳中,戴以行,触之缩足,如螺闭户也。火炙之乃出走,始知其寄居也。"又引《异苑》[4]云:"鹦鹉螺,常脱壳而游。朝出则有虫,类如蜘蛛,入其壳中,螺夕还,则此虫出。庾阐[5]所谓'鹦鹉内游,寄居负壳'者也。"今验寄居形状,一如二书所说。有自洋舶[6]携来者,京师人谓之四不相。儿童喜弄之。其壳形色诡异[7],大小差殊[8],或圆白如钱,莹净[9]可玩。取置器中,投以饭颗,其虫亦出啖之。四不相者:以其似蟹,乃有首;似虾乃有螯[10];似蠃乃有足;似蜘蛛乃有壳也。登州海中,一种小而锐者,俗名锥子把,壳碧绿色,层垒[11]如浮图[12],其中虫宛如山蜘蛛,与洋舶者同也。

注释

[1] 异种:不同种类。

[2]《艺文类聚》:唐代文学家、书法家欧阳询与令狐德棻、陈叔达、裴矩、赵弘智、袁朗等十余人于唐高祖武德七年(624)编纂而成的一部综合性类书。它是中国现存最早的一部完整的官修类书,保存了中国唐代以前丰富的文献资料,尤其是诗文歌赋等文学作品。全书共100卷,100万余字,征引古籍1431种,

分门别类,摘录汇编。《艺文类聚》与《北堂书钞》《初学记》《白氏六帖》合称“唐代四大类书”。

[3]《南州异物志》:三国吴万震撰,一卷,为《隋书·经籍志》《旧唐书·经籍志》《新唐书·艺文志》《齐民要术》《初学记》《北堂书钞》《史记正义》《一切经音义》《法苑珠林》《太平御览》《事类赋注》史部地理类著录、征引。目前该书已佚。该书所记内容,不限于海南诸国,于西方大秦等国亦多有涉及。书中所记如乌浒、扶南、斯调、林阳、典逊、无论、师汉、扈利、察牢、类人等国的地理风俗物产,多为前代史书所阙,有很高的史料价值。

[4]《异苑》:南朝宋刘敬叔撰。《津逮秘书》《学津讨源》《古今说部丛书》《说库》等古丛书中收有此书。《异苑》之名系仿自汉刘向的《说苑》,共计 382 条,基本上都是各种奇闻逸事。诸如山川灵异,古今名人、动植物、器物的神奇变化、吉凶征兆,民间祭祀神祇、鬼神故事、冢墓灵异和梦兆,妖精变化、死而复生,等等。

[5] 庾阐:生卒年不详,字仲初,颍川鄢陵(今河南鄢陵北)人,东晋时期文学家、官员。历任尚书郎、司空参军、给事中,领著作事。谥号贞。著有文集 10 卷,已佚。《晋诗》辑存其诗 21 首,《全晋文》对其作品亦有辑录。

[6] 洋舶:外国船舶。

[7] 诡异:很反常,很令人惊讶、奇怪,感到迷惑的事。

[8] 差殊:差异,不同。

[9] 莹净:明净。

[10] 螯:螃蟹等节肢动物的变形的第一对脚,形状像钳子,能开合,用来取食或自卫。

[11] 层垒:逐层向上垒起。

[12] 浮图:也作“浮屠”,佛教语,指佛塔。

译文

寄居是薄赢的不同种类。《艺文类聚》一书引用了三国时期万震所撰写的《南州异物志》中的描述:“寄居的虫类,像螺却有脚,形状颇似蜘蛛,本来没有外壳,后来进入空螺壳以内,顶着壳行走,外物触碰它,便缩起足,退缩壳内,就像螺闭户一般。用火炙烤则外逃,才知道是寄居于壳内之虫。”还引用了南朝宋刘敬叔所撰写的《异苑》中的说法:“鹦鹉螺,经常脱离外壳而出游。早晨出壳,则有虫，形如蜘蛛，入其壳内；鹦鹉螺夜间归还，里面小虫就脱壳而去。这就是东晋时期文学家庾阐所说的‘鹦鹉内游，寄居负壳’的缘故。”现在我们观察寄居的形状，正如上面两部典籍所说。有外国船舶携带而来的，京城人叫作“四不相”。儿童喜欢拿它们作玩具。其外壳颜色多彩怪异，大小差别较大。有的为圆形白色，如钱币大小，晶莹明净有趣。取来置于器皿之中，投给它饭粒，寄居虫则出来食用。所谓“四不相”指的是：它像蟹子，但是有头；像虾，但是有螯；像蠃，但是有足；像蜘蛛，但是有壳。登州府海域内，有一种小而尖的，俗称“锥子把”，外壳碧绿色，逐层向上垒起，如佛塔般。其中的寄居虫状如山蜘蛛，与外国船舶携带来的相同。

【常用中文名】寄居蟹

【别名、俗名】寄居虫　寄居　白住房　干住屋　琐蛣

【分　　类】十足目寄居蟹科

【形态特征】寄居蟹主要以螺壳为寄体，寄居的螺体最大直径可达15厘米。其外形介于虾和蟹之间，多数寄居于螺壳内，也有少数寄生于海面动物或腔肠动物体内。寄居蟹有头、胸及腹部。头胸部具头胸甲，但不覆盖最后胸节。头胸部前部较狭窄，钙化较强，后部扩展较宽，角质或完全膜质，有明显的颈沟。腹部长，曲卷或直伸，少数种宽短，多不对称。寄居蟹有螯肢一对，具强壮的螯，为取食御敌用。其尾肢和尾节左面较右面发达，有粗糙的角质褥，这种特化的尾扇用来钩住螺壳内部，不致被拉出。

【分布范围】寄居蟹为世界性分布。在中国主要分布于黄海及南方海域和东海的海岸边缘，一般生活在沙滩和海边的岩石缝隙里。

【生活习性】寄居蟹以螺壳为寄体，平时负壳爬行，受到惊吓会立即将身体缩入螺壳内。随着蟹体的逐渐长大，寄居蟹会寻找新的壳体换壳。寄居蟹食性很杂，是杂食性的动物，从藻类、食物残渣到寄生虫无所不食，也被称为海边的清道夫。寄居蟹一般与刺胞动物，特别是海葵和水螅虫共生。

【价　　值】寄居蟹并未列入国家重点保护野生动物名录，属于一般保护动物。

牡蛎

古《本草经》:“牡蛎居上品。”名牡[1]之义,盖不可知。陶隐居注:“以左顾是雄。”失之,诬[2]矣。此物无首、目、口、鼻,何云左顾也?今海人但名蛎,不复言牡耳。其壳附石,而生与鳆鱼又异。壳作两片,其附石一片,黏着不动。凹凸陂陀[3],随石曲折,磈磊[4]相连,倚叠[5]如山。聚族[6]而居,仍自隔别[7],苏颂《图经》所谓砺房[8]者也。每候潮来,诸房皆启[9],潮还仍闭。人欲取者,凿破其房,以器承取其浆。肉虽可食,其浆调汤尤[10]美也。南人呼其肉为砺黄。以其壳烧灰泥墙[11],所谓古贲[12]灰也。登州人食其肉,弃其壳,不解烧灰矣。《周礼》所谓蜃灰,乃烧蛤壳为之。若士所食蛤蜊,亦蛤之肉耳,非此也。海上严冬凿蛎冲冲[13],货者,珍其浆,以海水杂[14]之,真味灭矣,其浆与肉皆青白色。文登海中桑岛出者,清味绝异[15]。远近珍之,谓之桑蛎。其壳不附石,随水漂泊,名曰滚蛎。说者谓地当河海之交[16],蛎得河水之淡,故其味独清。荣成者,古成山地也,其海中滚蛎大者如碗口,然不及桑岛者美。

注释

[1] 牡:雄性的鸟兽类。
[2] 诬:编造,捏造。

[3] 陂陀：倾斜不平；不平坦。
[4] 磈磊：累积不平的石块。
[5] 依叠：依靠重叠。
[6] 聚族：同类聚集在一起居住。
[7] 隔别：隔开，隔离。
[8] 蛎房：指簇聚而生的牡蛎。因牡蛎附石而生，联结如房，故称。
[9] 启：打开。
[10] 尤：更，尤其。
[11] 泥墙：用灰、泥等涂墙。
[12] 贲：装饰，修饰。
[13] 冲冲：凿冰声。
[14] 杂：掺杂，混合在一起。
[15] 绝异：独特非凡。
[16] 河海之交：河与海交汇之处。

译文

古代《神农本草经》一书上说："牡蛎位列珍品行列"。为什么叫"牡"呢？不可知。陶隐居注解说："以向左偏的为雄性。"这个说法是不正确的。牡蛎没有头、眼、口、鼻，如何谈'向左偏'呢？现在海上渔民只称为"蛎"，不再加"牡"字了。蛎壳附着在石头上，但是又与鳆鱼不同。因为一片蛎壳附着石上，黏着不动。蛎壳凹凸不平，随着石头的形状生长，并且蛎壳相连，相互依靠重叠，状如群山。尽管蛎同族聚集生活，但是各自隔开，也就是宋代苏颂《本草图经》中所说的"蛎房"。每当潮水涨起的时候，所有的蛎房全部开启，潮水退去，蛎房关闭。赶海之人想要取走蛎肉，必须凿破蛎房，用器皿盛接其鲜浆。蛎肉尽管可食用，但是其鲜浆用来调制汤菜，尤其鲜美。南方人称蛎肉为蛎黄，用蛎壳烧灰磨碎，用以泥墙，就是古代所说的"贲灰"。登州府之人，食用蛎肉，丢弃蛎壳，但是不会烧贲灰。《周礼》中所说的"蜃灰"，就是蛤壳烧灰制成的。正如文人所食用的蛤蜊，也是蛤蜊的肉，不是此种。冬日海上，凿蛎声音冲冲。贩卖蛎的人，珍惜其鲜浆，如果混入海水，则其鲜味尽失，蛎鲜浆和蛎肉皆为青白颜色。文登海上桑岛出产一种蛎，味道独特非凡，远近都予以珍视，称作桑蛎。桑蛎不附着于石头之上，而是随水漂泊，名叫滚蛎。当地人说此地位于河海交汇之处，蛎在淡河水中生活，所以味道清绝。荣成，古成山之地，海中有滚蛎大小像碗口样，然而不及桑岛产的味道鲜美。

【常用中文名】牡蛎

【别名、俗名】蛎蛤　蚝　牡蛤　海蛎子　竹蛎

【分　　类】异柱目牡蛎科

【形态特征】牡蛎两壳不等，左壳或下壳较大而凹，以左壳固着在岩石或海底木桩上。壳在断面上可以分为3层：最外层为薄而透明的角质层；中层最厚是由碳酸钙组成的柱状结构称棱柱层；内层为碳酸钙的片状结构，称珍珠层。壳是由下面的外套膜分泌而成，外套膜由壳顶处向腹缘延伸。

【分布范围】牡蛎分布于全球。中国拥有丰富的牡蛎资源，拥有利用牡蛎的悠久历史，早在2 000多年前，中国南方沿海一些地区的居民就掌握了牡蛎养殖技术。目前，渤海、黄海、东海、南海均有牡蛎生产基地。其中，主要产地为福建、广东、山东、广西、辽宁和浙江。

【生活习性】牡蛎以壳粘在其他物体上，它过滤取食，依靠海洋中的微型海藻和有机碎屑为食。牡蛎还是抗逆性最强的水生动物之一，2亿年来潮间带多变的环境练就了牡蛎对温度、盐度、露空和海区常见病原极强的抵抗力。在落潮露出水面时，能够耐受夏天酷热干燥的天气，同时也能够成功适应冬天冰冻天气，在离水露空条件下也可存活1～2周，甚至1个月的时间。

【价　　值】牡蛎作为一种优质的海产养殖贝类，不仅具有肉味鲜美的食用价值，而且其肉与壳均可入药，具有较高的药用价值。牡蛎肉中含有多种氨基酸、糖原、大量的活性微量元素及小分子化合物，其壳中含有大量碳酸钙。

西施舌

《尔雅》云:“蜃,小者珧。”郭注:“珧,玉珧。”《释文》[1]引《字书》[2]云:“玉珧,肉不可食,唯柱可食。”然则,珧即江瑶柱[3]也。西施舌与之同类,而无柱为异,又味美在肉。谓之舌者,有肉突出,宛如人舌。啖之柔脆,以是为珍。其壳圆厚,淡紫色,可饰治[4]器,即墨海中有之(案《香祖笔记》十云:“西施舌,海燕所化,久复化为燕”)。通州刘桐村[5](锡信),昔宰[6]兹邑,上官多属意[7],刘以导谀[8]且妨民[9],婉辞拒之,历城[10]令以五十金属[11]其人货致[12],刘亦弗许[13]也。宁海[14]所出,状类西施舌而大,其名曰鸥肉,微黄色又无舌,清味不逮远[15]矣(以上十二条壬申冬所记,此条癸酉春补)。

注释

[1]《释文》:全称《经典释文》,是一部解释儒家经典文字音义的作品,共30卷,唐代陆德明撰。它以考证古音为主,兼辨训义,引用了14部文献,如《周易》《尚书》《毛诗》《周礼》《仪礼》《礼记》《左传》《公羊传》《穀梁传》《孝经》《论语》《老子》《庄子》《尔雅》等,保存了在唐代当时音训较早的一部字典,为历代学人推崇。

[2]《字书》:《字书》在《隋书·经籍志》等书目中都有注录,且在《玉篇》《经典

释文》《一切经音义》等文献中都被大量引用，但其作者、成书年代都不详，且多被误认为吕忱的《字林》。

[3] 江瑶柱：蚌类，因其形如牛耳，称牛耳螺，壳薄肉厚，肉质鲜、嫩，美味可口，是海中珍品。其中又以草潭江瑶柱为上品，肉更鲜更嫩。

[4] 饰治：精制。

[5] 刘桐村：刘锡信，通州（同治《即墨县志》作顺义）人，举人，乾隆六十年（1795）任即墨县知县。

[6] 宰：主管，主持。

[7] 属意：倾心，喜欢。

[8] 导谀：逢迎献媚。

[9] 妨民：损害百姓的利益。

[10] 历城：山东省济南府历城县，治今山东济南历城区。

[11] 属：通“嘱”。托付，委托。

[12] 货致：购买。

[13] 弗许：不予应允。

[14] 宁海：宁海州辖境在今山东烟台牟平区和威海市辖区一带。州治牟平城，在今烟台牟平老城。自金世宗大定年间（1161—1189）改置宁海州，至民国初废止，宁海州建制历时731年。

[15] 不逮远：远远不及。

译文

《尔雅》中说，“蜃，小的叫作珧。”郭璞在注解时说：“珧，即玉珧。”唐代陆德明所撰《释文》中引用《字书》中的说法：“玉珧，肉不可食用，只有柱可食用。”那么珧，也就是江瑶柱了。西施舌与其同类，但是却没有柱，同时其美味在于其肉。称其为舌，是因为其肉突出，犹如人的舌头。吃起来柔软鲜脆，大家都认为其为珍品。西施舌壳圆润而厚，颜色淡紫，可以用来精制器皿，即墨海中盛产（考究《香祖笔记》卷十中说：“西施舌，海燕化身，时间久后再次化为燕子”）。刘通村（锡信），通州人，乾隆六十年任即墨知县，上级官员多喜欢西施舌，刘通村以逢迎献媚、损害百姓利益为理由，予以婉言谢绝。历城县县令以五十金嘱托去购买，通村也不予应允。宁海一带所出产的一种，形状像西施舌，但是比西施舌大些，其名叫“鸮肉”，颜色微黄，但是没有舌状肉，其味道远远不及西施舌。（以上十二条

嘉庆十七年壬申冬所记，此条嘉庆十八年癸酉春补）

【常用中文名】西施舌

【别名、俗名】漳港海蚌　车蛤　土匙　沙蛤

【分　　类】帘蛤目蛤蜊属

【形态特征】西施舌有贝壳两片，大形，质薄，略呈三角形。壳顶位于贝壳背缘中部稍靠前方，高出背缘，其前方略凹，后方较为凸出，腹面边缘呈圆形。贝壳表面平滑，生长纹细密明显。壳顶为淡紫色，腹面为黄褐色，贝壳内面为淡紫色。足舌状，肌肉发达。

【分布范围】西施舌广泛分布于印度－太平洋海域浅滩，自辽东沿海到南部海岸，凡浅海中皆产之。福建长乐漳港一带为其著名的产地，故又名“漳港海蚌”。

【生活习性】西施舌生活在潮间带下区及浅海沙滩，埋栖深度为 60 ～ 70 毫米，繁殖季节为春、夏季间，现中国西施舌人工育苗高产技术已取得成功。

【价　　值】西施舌海蚌个体较大，肉质脆嫩，味甘美，是一种经济价值很高的名贵贝类。可入药。《本草从新》等医学著作记载，西施舌有滋阴养液、清热凉肝的功效。

蛤

蚌之属。《说文》所谓蛎也。壳圆而厚，有文[1]回旋[2]，如指头文。大者如酒杯，作青白色，其类亦有纤[3]如指顶，黄白杂文。壳薄而光，乃文蛤[4]之属，非此也。蛤，一名蛤蜊，肉甚清美，热酒冲啖，风味尤佳。宋庐陵王义真[5]车螯下酒(《宋书·刘湛传》:"臑酒[6]炙车螯")，珍可知矣。《大观本草》言:"车螯是大蛤，一名蜃，即此是也。"腹有小蟹，螯足悉具[7]，状如榆荚[8]，是蛤之精。蛤在壳中，不能取食，当其饥虚[9]，蟹辄走出，为蛤觅食。蟹饱则蛤饱，晨出暮还，有肉如丝，为之牵系。或猝[10]遭风浪，丝断蟹僵[11]，蛤即顿仆[12]。郭璞《江赋》所谓"琐蛣腹蟹[13]"，当即指此。而琐蛣非蛤，恐同类异名耳。《北齐书·徐之才[14]传》，"有人患脚跟肿痛，诸医莫能识之。之才曰:'蛤精疾也，由乘船入海，垂脚水中。'疾者曰:'实曾如此之。'之才为剖得蛤子二，大如榆荚。"即是物也。谓之精者，知觉攸存[15]。至于文蛤之伦[16]，腹中无蟹。

注释

[1] 文：花纹，纹理。

[2] 回旋：回环，旋绕。

[3] 纤：细小，微小。

[4] 文蛤：俗称蛤蜊、马蹄蛤，属瓣鳃纲帘蛤目帘蛤科，文蛤为中国沿海常见的经

济贝类，以辽宁营口、山东莱州湾、江苏北部沿海、台湾、广西等地资源较为丰富，系广温性底栖贝类。

[5] 宋庐陵王义真：南朝宋庐陵孝献王刘义真(407—427)，初封桂阳县公，食邑千户。年仅12岁封散骑常侍。南朝宋武帝永初元年(420)，封庐陵王，食邑三千户，移镇东城。

[6] 臑酒：煮酒。

[7] 悉具：俱全。

[8] 榆荚：也叫榆钱儿，是榆树的种子，因为它酷似古代串起来的麻钱儿，故名榆钱儿。

[9] 饥虚：谓腹中空虚而饥饿。

[10] 猝：突然地，出其不意地。

[11] 僵：死去。

[12] 顿仆：跌倒。

[13] 琐蛣腹蟹：引自《江赋》，讲述了海洋生物的一种共生现象，一种生活在白沙之中名为琐蛣的贝类无眼无足无法动弹，便将生活在它壳里的一种小蟹作为移动胃囊。小蟹外出觅食，饱腹而归，琐蛣自然也就饱了，即使不吃不喝也能越长越肥。一旦小蟹死去，琐蛣便相当于去失去了自己的胃肠，也会饥饿而死。

[14] 徐之才：古代医家名。先祖徐熙是南朝丹阳(今安徽当涂)人。徐之才是徐文伯之孙，徐雄的第六子，人称徐六，五岁诵孝经，十三岁被召为太学生，后为北朝所俘，官至尚书令，爵至西阳王。北齐后主武平三年(572)卒，撰有《雷公药对》《徐王八世家传效验方》《徐氏家秘方》等。

[15] 攸存：存在。攸：文言文助词，无义。

[16] 伦：辈，类，族。

译文

蛤，蚌类。《说文解字》中叫作“蛎”。蛤壳圆润而厚，壳上有纹理回旋，正如人手指肚纹路相近。蛤中大一些的像酒杯一般，颜色青白。也有大小如指尖般的，其壳黄、白色纹理交杂。壳薄而光洁，属于文蛤类别，并不是此种。蛤，也叫蛤蜊，其肉清鲜美味，用热酒冲开食用，风味极佳。南朝宋庐陵孝献王刘义真曾以车螯下酒(《宋书·刘湛传》载：“煮酒烤车螯”)，可知其珍贵稀有。《大观本草》中载：

“车螯是大蛤，也叫蜃，就是此种。”蛤腹部有小蟹，螯足俱全，其状如榆荚，这就是蛤精。蛤置身壳内，不能获取食物，当其腹内虚空饥饿时，蟹便走出，为蛤寻找食物。蟹饱则蛤饱，蛤精早晨离开觅食，夜晚归还壳下，有肉如丝般，牵连着蛤和蟹。有时突然风浪起，肉丝被冲断，蟹子便死亡，而蛤也死亡。这就是郭璞《江赋》中所说的“琐蛣腹蟹”，应该是指此。但是“琐蛣”不是蛤，恐怕是同类而不同名的生物。《北齐书·徐之才传》中载：“有人患病，脚跟肿痛，许多医生都不知道病因。徐之才说，‘这是蛤精病。乘船入海时，脚垂入水中。’病者说：‘确实这么做过。’徐之才在其脚后跟上，剖得两个蛤子，大小如榆荚一般。”文中的蛤子就是这个东西。之所以叫其蛤精，是因为其存在知觉。至于文蛤之种类，腹下没有蟹。

【常用中文名】蛤蜊

【别名、俗名】花甲

【分　　类】帘蛤目马珂蛤科

【形态特征】蛤蜊双壳等大，壳呈较圆的三角形，呈红褐色，表面平滑，具成长纹，越近腹缘越明显，前后缘亦明显。后缘长于前缘。壳顶为紫色，突出背缘，偏向前缘。壳内为白色陶质，铰合部左壳有一枚裂开的主齿，右壳主齿通常分开。左右壳皆有侧齿，左壳单枚，右壳双枚。

【分布范围】蛤蜊为世界性分布，尤以中国、日本、韩国和澳大利亚居多。在中国辽宁、山东、江苏、浙江、福建、台湾、广东、海南、香港等沿海几乎均有分布。

【生活习性】蛤蜊喜生活在潮间带中潮区的细砂滩中，一般至水深60米的浅海区。摄食方式为被动的滤食，只要颗粒大小适宜便可摄食。主要食物种类有小球藻、圆筛藻、舟形藻和菱形藻等浮游及底栖单细胞藻类，以及无脊椎动物卵子、桡足类、无节幼体和大量有机碎屑等。

【价　　值】蛤蜊营养特点是高蛋白、高微量元素、高铁、高钙、少脂肪，且能很好地被人体吸收，具有很高的营养价值，肉鲜嫩味美，营养丰富，也是中国滩涂养殖的主要品种。

海浮石

石缥青[1]色，微带土黄，轻虚浮脆[2]，应手縻碎[3]。一拳之多，不盈[4]半两。性味[5]咸淡，堪入药用。书籍觚棱[6]，纸色烟尘，大可揩摩[7]，新生滑净[8]。此石采取海波深处，云是水沫凝结所成也。刘逵《吴都赋注》，"浮石，体虚轻，浮在海中，南海有之。"

注释

[1] 缥青：淡青色。

[2] 轻虚浮脆：轻而不实。

[3] 縻碎：縻烂粉碎。

[4] 盈：超过。

[5] 性味：药物的性质和气味，即四气五味。四气五味是中药药性理论的基本内容之一。四气五味理论最早载于《神农本草经》，其序录云：药有酸、咸、甘、苦、辛五味，又有寒、热、温、凉四气。

[6] 觚棱：棱角。

[7] 揩摩：抚摸，摩擦。

[8] 滑净：光滑洁净。

译文

海浮石颜色淡青，微带土黄色，质轻脆，不实，手一触碰则糜烂粉碎。一拳大小的海浮石，质量不足半两。药物性质和气味咸淡，可以入药使用。书籍上的棱角，纸张上的尘垢，可以用海浮石予以摩擦，使其光滑洁净。海浮石采自海波深处，据说是水沫凝结而形成的。刘逵在注解《吴都赋》时，也写道："浮石石质轻虚，漂浮在海中，南海中较多。"

【常用中文名】海浮石

【别名、俗名】白浮石　水泡石　羊肚石

【构成元素】铝、钾、钠的硅酸盐所成

【形态特征】海浮石为不规则的块状，非晶质，大小不一，通常直径2~7厘米，有的可达20厘米。表面粗糙，有多数大小不等的细孔，灰白色或灰黄色。质地硬而松脆，易砸碎，断面粗糙，有小孔，有的具丝绢光泽或无。比重小，在水中可以浮起。

【分布范围】海浮石产于广东、福建、山东、辽宁、浙江等地。

【价　　值】海浮石可入药，具有清肺化痰和软坚散结等功效。对瘿瘤、淋病、疝气、疮肿、目翳、支气管炎和淋巴结结核等疾病都有一定疗效。

燕儿鱼

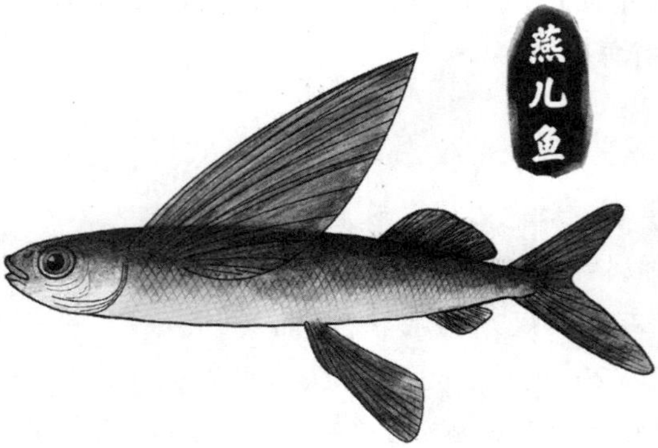

体长五六寸，色黑如燕，鳍长。解[1]飞不能赴远[2]，浮游水面，不过数武[3]。翩然而下，如燕子投波[4]也。鳍与尾齐，味酸不中啖，海人去鳍啖之，亦不美。

注释

[1] 解：助动词，能，会。
[2] 赴远：远飞。
[3] 数武：不远处，没有多远。武：量词，古代六尺为步，半步为武，泛指脚步。
[4] 投波：犹"点水"，指在水面飞行时用尾部轻触水面的动作。

译文

燕儿鱼体长约五六寸，身体黑色如燕，鱼鳍较长。会飞但不能飞远，在水面之上飞行，飞了没多远，便翩然而下，就像燕子点水一般。燕儿鱼的鱼鳍和鱼尾相齐，味酸不可口，渔民除去鱼鳍来食用，也不美味。

【常用中文名】燕鱼
【别名、俗名】飞鱼　燕儿鱼

【分　　类】颌针鱼目飞鱼科

【形态特征】燕鱼体略呈梭形，背部颇宽，微凸，两侧较平并向下倾斜，腹部较狭，尾部渐细。头颇短，吻短。口小，前位。上下颌约等长，不延伸突出。眼大，高侧位。眼间隔宽，中间微凹。鼻孔大，每侧两个，位于眼前缘。体被大圆鳞，除吻端外全体皆被鳞。背鳍一个，位体后部，靠近尾鳍。臀鳍起点约在背鳍第六鳍条下方，后端与背鳍最末鳍条相对。胸鳍发达，宽大。腹鳍大，位腹后方。尾鳍分叉，下叶较上叶长。体侧背面呈青黑色，侧下方及腹部呈银白色。背鳍及臀鳍呈灰色，胸鳍、腹鳍及尾鳍呈浅黑色。

【分布范围】燕鱼分布于中国、朝鲜、日本。在中国分布于东海、黄海、渤海。

【生活习性】燕鱼为暖水性上层鱼类，喜集群洄游，游泳迅速，常跳出水面 1 米左右的水面上空滑翔，在空中可维持 10 秒钟之久，每次滑行距离可达数十米，甚至百米以上。山东沿海每年 6～7 月，鱼群由外海向近岸进行生殖洄游，产卵后立即索饵，逐渐游向外海。主要摄食暖水性的大型浮游动物，如端足类、十足类、翼足类、多毛类幼体和放射虫等。

【价　　值】燕鱼为黄海及东海次要经济鱼类，产量不高。主要为群众渔业生产对象，通常鲜销或制成咸干品。

鳘鱼

鳘（音愍,《玉篇》:鱼名）鱼，巨口细鳞，大者长四尺许。鳞、肉纯白，渔人或呼白米子。米、鳘声转[1]耳。作脍下汤及蒸炙，皆可啖之。此鱼之美，乃在于鳔[2]（《玉篇》:"毗眇切，鱼鳔可为胶"）。梓人[3]制器，黏缀[4]合缝[5]，胜于用胶。谓之鱼鳔，实此鱼腹中之腴也。

注释

[1] 声转：音转，读音转换。

[2] 鳔：鱼鳔。大多数鱼所具有的一个充有气体的囊，可以胀缩，使鱼能在水中上浮或下沉。有的鱼类的鳔也有辅助听觉或呼吸等作用，可熬制成胶，此胶黏度高，抗水性强，被胶接的木料不怕受潮和水泡。多用于粘木头。

[3] 梓人：泛指木工、建筑工匠。

[4] 黏缀：黏连联结。

[5] 合缝：接合缝隙。

译文

鳘（音愍,《玉篇》中载，鱼名）鱼，鱼嘴较大，鱼鳞较细，大的约长四尺。鱼鳞、鱼肉颜色纯白，渔民有时叫它"白米子"。米和鳘字，是读音转化的结果。将鳘鱼切细下汤或者蒸烤，皆可食用。鳘鱼的美味可口之处，在于鱼鳔(《玉篇》中载：“毗眇切，鱼鳔可为胶”)。木工制作器皿，常用鳘鱼的鳔来粘连缝隙，胜过其他胶。我们所说的鱼鳔，实际上是鳘鱼鱼腹中的脂肪。

【常用中文名】鳘鱼

【别名、俗名】鮸鱼　敏鱼　敏子

【分　　类】鲈形目石首鱼科

【形态特征】鳘鱼体延长，侧扁，背腹部浅弧形。头中大，略侧扁，较尖突。吻短而钝尖，吻褶边缘游离成吻叶，吻上中央具一小孔，上行数孔不显著。眼中大，上侧位，在头的前半部，眼径略小于吻长。眼间隔等于或大于眼径，稍圆凸。鼻孔两个，前鼻孔小，为圆形；后鼻孔大，为长形，紧接眼前。口大，前位，斜裂。上下颌约等长，除吻部及鳃盖骨被小圆鳞，颏部及上下颌无鳞外，全身皆被栉鳞。背鳍连续，胸鳍尖长，长于腹鳍，尾鳍楔形。体暗，呈灰褐带紫绿色，腹部呈灰白色。背鳍鳍棘上缘呈黑色，鳍条部中央有纵行黑色条纹。胸鳍腋部上方有一暗斑，其余各鳍呈灰黑色。

【分布范围】鳘鱼分布于中国、朝鲜、日本。中国沿海均产。

【生活习性】鳘鱼为暖温性底层鱼类，喜欢栖息于底质为泥或者泥沙处。白天下沉，夜间上浮，喜欢小股分散活动，不集成大群。鳘鱼为小区域性洄游鱼类，产卵季节鱼群相对集中。鳘鱼属于捕食性鱼类，以小型鱼类、关足类和十足类为食。

【价　　值】鳘鱼鱼肉味道鲜美，为海产经济鱼类之一，也是经济价值较高的鱼类。全鱼可以制作罐头或加工成鳘鱼鲞。鱼鳔可制作鱼胶，有较高的药用价值，具有养血、补肾、润肺健脾和消炎作用。内脏、骨可制作鱼粉、鱼油。鳘鱼是中国的出口鱼类品种。

鳗鲡鱼

似鳝而腹大，如鳅[1]而体长。其色青黄，善钻泥淖[2]。能攻堤岸，沟渠中亦喜生之，俗人呼之泥裹钻。盖鳗鲡之声转为泥裹也。海边人呼海鳝，非也。陶隐居言，能缘[3]树食藤花。《玉篇》云："其气辟[4]蠹鱼[5]。"而古语云："君子不食鲡鱼"（《韩诗外传》[6]七）。今验此鱼，形状可恶，而能补虚劳[7]。《稽神录》[8]载："有人多得劳疾，相因[9]染，死者数人。取病者于棺中，钉之弃于水，永绝传染之病，流之于江，金山有人异之，引岸[10]开视之，见一女子，犹活。因取置温舍[11]，多得鳗鲡鱼食[12]之，病愈。遂为渔人之妻。"

注释

[1] 鳅：鱼名，体圆，尾侧扁，皮上有黏液很滑。生活在河湖、水田等处，常钻在泥中，肉可食。

[2] 泥淖：烂泥，泥坑。

[3] 缘：介词，沿着。

[4] 辟：通"避"。使回避，使躲避。

[5] 蠹鱼：虫名。即蟫，又称衣鱼。蛀蚀书籍衣服。体小，有银白色细鳞，尾分二歧，形稍如鱼，故名。

[6]《韩诗外传》：汉代韩婴所作的一部传记。该作品由360条轶事、道德说教、伦理规范以及实际忠告等不同内容的杂编。一般每条都以一句恰当的《诗

经》引文做结论,以支持政事或论辩中的观点。《韩诗外传》以儒家为本,因循损益、以传资政,从礼乐教化、道德伦理等方面阐发了其思想。

[7] 虚劳:中医名词。病久体弱则为虚,久虚不复则为损,虚损日久则成劳。

[8]《稽神录》:宋代志怪小说集,共6卷。徐铉撰。徐铉自序,称"自乙未岁(935)至乙卯(955),凡20年"撰作此书(见晁公武《郡斋读书志》)。则此书为入宋以前所作,全部收入《太平广记》。此书大多写鬼神怪异和因果报应故事。

[9] 相因:相袭,相承。

[10] 引岸:拉至岸边。

[11] 温舍:温暖之房舍。

[12] 食:拿东西给人吃,后作"饲"。

译文

鳗鲡形似鳝鱼但鱼腹较大,如泥鳅但鱼体较长。鳗鲡鱼颜色黄中带青,善于在淤泥中钻洞,也会对堤岸造成损害,多在沟渠中生活,当地人称呼它为"泥裹钻",大概是"鳗鲡"读音转换为"泥裹"吧。海边人叫它海鳝,这种说法不正确。陶隐居说,鳗鲡可以沿着树干往上爬,去吃蔓藤上的花。《玉篇》中又载,"鳗鲡气味可以驱赶蠹鱼"。古语说:"君子不吃鳗鲡鱼"(见《韩诗外传》卷七)。现在我们来看这种鱼,形状可憎,但是可以补虚劳之症。宋代志怪小说集《稽神录》载:"曾有人多得痨病,相互传染,有数人因此毙命。将病人置于棺木之中,将棺木钉死,丢入水中,使其再也不能传染别人,在江上漂流时,金山有渔民感觉很奇怪,把将棺木拉到岸边,将其开启来看,见到一个妇人,居然还活着。于是将其接到温暖房舍内,捕来不少鳗鲡鱼给她吃,不久,妇人病愈,于是就嫁给了这个渔民。"

【常用中文名】鳗鲡

【别名、俗名】白鳝　鳗鱼　青鳝

【分　　类】鳗鲡目鳗鲡科

【形态特征】鳗鲡体细长,躯干部近圆筒形,尾部侧扁。鳞小,埋于皮下,呈席纹状。头中等大,吻尖突,平扁。鼻孔两个。眼中大,位于头前部。眼间隔宽,口宽,口裂伸达眼后缘。下颌略长于上颌。侧线完整而发达。背鳍低而长,起点离头较远。臀鳍低而长,胸鳍为椭圆形。无腹鳍,尾鳍和背鳍及臀鳍相连。鳗鲡体背面为灰黑色,体侧微绿,腹面为白色。

【分布范围】鳗鲡分布于中国、朝鲜、日本。中国沿海和江湖均产。

【生活习性】鳗鲡为一种降河洄游性鱼类。降河前栖居江河、湖泊、水库和静水池塘的土穴、石缝中。喜暗怕光，昼伏夜出，摄食小鱼、田螺、蛏、蚬、沙蚕、虾、蟹、桡足类和水生昆虫等。

【价　　值】鳗鲡在中国产量不大，为次要经济鱼类。肉质肥美，营养丰富深受人们喜爱。

青鱼

青鱼，大者长尺许。腹背鳞色俱青，以是[1]得名。冰解春融[2]，海鱼大上[3]。挂网之繁[4]，无虑[5]千万，货者贱[6]之。盐藏蒸啖，味亦非美。或少[7]腌曝干炙啖颇佳，次于柳叶[8]也。

注释

[1] 以是：因此。
[2] 春融：春气融和。亦指春暖解冻。
[3] 大上：大规模溯潮而上。
[4] 繁：众多。
[5] 无虑：不计虑，指大约，大概。
[6] 贱：低价出售。
[7] 少：稍稍，稍微。
[8] 柳叶：柳叶鱼，也叫青鳞鱼，详见“柳叶鱼”一则。

译文

青鱼，大的有一尺多长。其腹部、背部的鱼鳞都呈青色，于是有了“青鱼”之名。春气融合冰冻始解之时，大量青鱼便溯潮而上。一网下去，挂着渔网上的青鱼大概成千上万之多，商贩一般低价出售。用盐进行腌制，然后蒸着吃，不是那么美味。有人腌制，然后晒干烤着吃，味道很棒，仅次于柳叶鱼的口感。

【常用中文名】青鱼

【别名、俗名】太平洋鲱　鲭鱼

【分　　类】鲱形目鲱科

【形态特征】青鱼体长形，腹部稍圆，腹后侧扁，背缘低，呈浅弧形。头中大，两侧各有一棱脊。吻短，略大于眼径。鼻孔每侧两个，相距稍远。眼稍大，圆形，侧上位，在头的前半部。眼间略窄，眼间至枕部有浅凹。口小，上位，口裂斜。前颌骨小，上颌骨宽，下颌略长于上颌。背鳍略短，臀鳍中长；胸鳍较短，腹鳍短小。尾鳍深叉形。体被薄圆鳞，易脱落，头部裸，无侧线。体侧上部为灰黑色，新鲜时有绿色反光，腹部为浅白。各鳍色暗淡，无斑纹。

【分布范围】青鱼分布于中国、俄罗斯远东区、日本及朝鲜。在中国主要产于黄海和渤海。

【生活习性】青鱼为西北太平洋冷水性鱼类。性喜光，常集群于水的中上层。主要以太平洋磷虾为食，亦食哲镖蚤、箭虫等。

【价　　值】青鱼产量不稳定，波动很大。青鱼肉和鱼子可供鲜食或制作罐头，鱼肝含脂量很高，经济价值很大。

柳叶鱼

鱼体似鲂而狭长，不盈五寸，阔几[1]二寸，厚半分[2]许。海人为其轻薄[3]，形如柳叶，因被[4]此名矣。腌藏而膊[5]干之，可以饷远，炙啖甚佳。莱州街市[6]编为四五，草束[7]而货之，有野素[8]之风。又有油鱼小而短，仅半前鱼，而厚欲过之，出莱阳海中，以饶肪[9]得名，炙啖尤美也，并可案酒。

注释

[1] 几：几乎，差不多；接近。
[2] 分：长度单位，寸的十分之一为分。
[3] 轻薄：指物体分量轻，厚度薄。
[4] 被：被叫作；拥有。
[5] 膊：本意为肉片晒干，此处指晒干或者晾干。
[6] 街市：商贾辐辏的街衢。
[7] 草束：以草捆扎。
[8] 野素：犹质朴。
[9] 饶肪：油脂或脂肪多。

译文

柳叶鱼体像鲂鱼，但是比鲂鱼狭长，其长度不足五寸，宽度接近二寸，厚度约半分。渔民认为其分量轻，厚度薄，形状像柳叶一般，因此有了“柳叶鱼”这个名字。将柳叶鱼腌制晾干，可以长时间享用，烤制食用，口感很好。在莱州府街头市集上，商贩往往用细绳将四五个柳叶鱼穿在一起，用草捆扎予以出售，颇有质朴之风。还有一种鱼，名叫“油鱼”，又小又短，其长度仅有柳叶鱼的一半，但是厚度要比柳叶鱼厚些，莱阳海中多出产，以脂肪多而得名，烤制食用口味很棒，可以用其来下酒。

【常用中文名】青鳞鱼

【别名、俗名】青皮　青鳞小沙丁鱼　柳叶鱼

【分　　类】鲱形目鲱科

【形态特征】青鳞鱼体近方形而侧扁，背缘微隆凸，腹缘弯凸程度很大，更为侧扁，棱鳞强大。头短小，侧扁。吻短于眼径。眼中等大，侧上位。每侧有两个鼻孔，位于吻端与眼前缘的中间，眼间隔窄而平。口小，前上位。下颌稍长于上颌。鳞大而薄，圆形，除头部外，全体均有鳞。背鳍始于腹鳍始点的前上方；臀鳍中等长；胸鳍位低，末端不达于腹鳍；腹鳍小于胸鳍；尾鳍为深叉形。体背侧为青绿色，腹侧为银白色。

【分布范围】青鳞鱼分布于中国、朝鲜、日本。中国渤海、黄海、东海和南海均产。

【生活习性】青鳞鱼为中国沿海常见的中上层小型鱼类，栖息于沿海和港湾，摄食硅藻和小型甲壳类。春季生殖，在黄渤海产卵期为5～6月，产卵场为泥沙质海底。秋冬季体长达110毫米。

【价　　值】青鳞鱼可用于解毒消肿，是治疗海蛇咬伤的良药。

冰鱼

体狭而长，可四寸许。鳞细而白，肌肤洞澈[1]，骨体莹明[2]，望若镂冰[3]矣。京师货者，来自卫河[4]、武定[5]、利津，海边诸水亦复饶[6]之。泽沍[7]冰坚，鱼肥而美。瀹汤下酒，风味清新。霜橙[8]雪霁，未知孰为尤胜[9]耳（兹鱼近海方有，故入《海疏》）。

注释

[1] 洞澈：十分明亮。

[2] 莹明：晶莹而明亮。

[3] 镂冰：雕刻的冰块。

[4] 卫河：中国海河水系南运河的支流。因源于春秋时卫地得名，发源于太行山脉，流经河南新乡、鹤壁、安阳、濮阳，沿途接纳淇河、安阳河等，至河北馆陶与漳河汇合称漳卫河、卫运河，最后流经山东临清入南运河，至天津入海河，并在沧县南又挖成捷地减河，引洪水直接入海。

[5] 武定：武定府，治今山东惠民。明宣德元年（1426），明宣宗亲率大军，兵临安乐州城下，平定了欲在安乐州起兵谋反的汉王朱高煦。自此改安乐州为武定州（寓意以武力平定谋反），属济南府。清雍正三年（1724），武定州改为直隶州。雍正十二年（1734），升武定州为武定府，始置惠民县，为其附郭县。

[6] 饶：丰饶，繁多。

[7] 泽沍：水因寒冷而冻结。

[8] 霜橙：深秋霜打橙子（的时候）。
[9] 尤胜：更为绝妙。

译文

冰鱼鱼体稍窄，但是长度稍长，长大约四寸。鱼鳞细，为白色。鱼皮明亮，鱼骨晶莹剔透，远观恰如雕刻的冰块一般。在京城经营冰鱼的商贩，一般都是从卫河、武定、利津等地的海边贩卖而来，海边河流中，冰鱼也比较多。湖河冻结时，冰鱼肥美。将其炖汤下酒，口感清新。深秋下霜和冬日雪停之时，不知道哪个时间段冰鱼味道更为绝妙了。（此鱼出产在海边，所以《海疏》中有所记载。）

【常用中文名】小银鱼
【别名、俗名】乔氏新银鱼　面条鱼
【分　　类】鲑形目银鱼科
【形态特征】小银鱼体细长，近圆筒形，后部侧扁，臀鳍前最宽。吻短，圆钝。口中大，端位。下颌稍突出；上颌骨后端略弯，伸达眼前缘下方。体无鳞，但雄鱼臀鳍基部有大型鳞一行。背鳍后位，位于臀鳍前上方；臀鳍宽阔，胸鳍短，腹鳍腹位，尾鳍叉形。体无色，生活时半透明，固定后乳白或带浅肉褐色，脑部轮廓清晰可见。腹缘有小黑点两行；胸鳍基部和臀鳍基部亦有小黑点；尾鳍较暗，上下叶各有一黑斑或为集中的小点。
【分布范围】小银鱼分布于中国和朝鲜西海岸。在中国鸭绿江、碧流河口、黄海和东海均有分布。
【生活习性】小银鱼产于近海河口及黄河下游通江的湖泊中。在 2 ～ 3 月进入淡水中产卵，肉食性，以虾及小银鱼、鲚鱼等为食。
【价　　值】小银鱼系生活于近海河口的小型经济鱼类。

银鱼

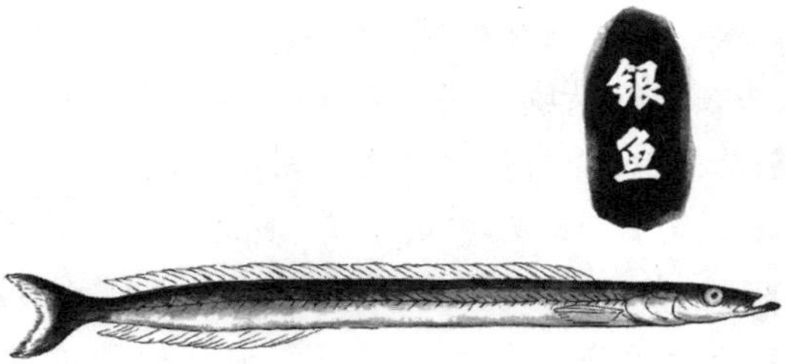

体白而狭长，可六七寸许。曝干炙啖及瀹汤，味清而腴，不逮[1]冰鱼远矣！海人为其纤而修长，如切汤饼[2]之状，谓之面条鱼。余谓银鱼之名，唯林刀鱼庶几[3]无愧。此即非伦[4]，今欲以意更[5]之，呼之玉筋焉。

注释

[1] 不逮：比不上，不及。
[2] 汤饼：又称面片汤，是将调好的面团托在手里撕成片下锅煮熟做成的食品。
[3] 庶几：差不多，近似。
[4] 非伦：不符合常理。
[5] 更：更改，更换。

译文

银鱼颜色纯白，鱼体狭长，大约长六七寸。将其晒干烤熟食用或者炖汤，味道清新滑腻，口感难以与冰鱼媲美。渔民因为它身体细长，像细切的汤饼的形状，所以叫它“面条鱼”。我认为“银鱼”之名，只有林刀鱼当之无愧。面条鱼叫银鱼，则不符合常理。现在我想给它改一个名字，叫作“玉筋”罢了。

【常用中文名】大银鱼
【别名、俗名】银鱼 面条鱼

【分　　类】鲑形目银鱼科

【形态特征】大银鱼体细长，头平扁，吻尖长。前部略圆，后部侧扁。鼻孔两个，前后紧接，距眼较近。眼小，圆形，侧上位。口大，宽阔。前颌骨正常，下颌突出，稍长于上颌，上颌骨后端伸达眼下方。体无鳞，仅雄鱼臀鳍基部有一行大臀鳞，无侧线。背鳍中大，后位。臀鳍基较长，完全位于背鳍之后。胸鳍较宽，扇形。腹鳍小，尾鳍叉形。体半透明，无色，从头顶脑形清晰可见。肌节间有黑色小点，头顶、背部有少数分散黑色素小粒，臀鳍基部也有一列小黑点。

【分布范围】大银鱼分布于朝鲜及中国渤海、黄海和东海及长江、黄河、辽河、鸭绿江下游。在山东产于黄、渤海近海及通江的河流与湖泊中。

【生活习性】大银鱼产于近海河口及黄河下游通江的湖泊中。在2～3月进入淡水中产卵，肉食性，以虾、小银鱼、鲚鱼等为食。

【价　　值】大银鱼在银鱼中体形较大，产量较高，为常见的经济鱼类。

催生鱼

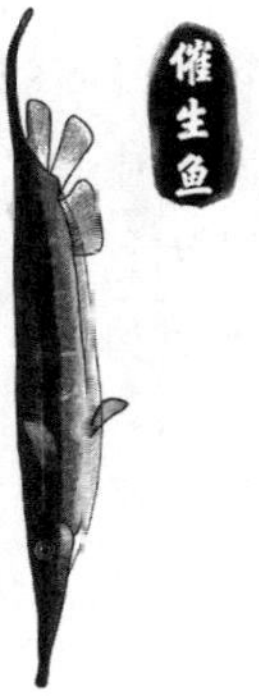

碧青[1]色，纤长[2]如筋，体坚类[3]骨。鼻梁横出，殆[4]长寸许，目在鼻端。渔者网得之，云可催生，未审[5]作何法用。按《南越志》："鐇鱼鼻有横骨如鐇[6]，海船逢之必断。"《吴都赋注》："鐇有横骨，在鼻前，如斤斧[7]形。"东人[8]谓斧斤之斤为镭，故谓之鐇。然则鐇鱼似鐇，因有此名。兹鱼虽鼻有横骨，但大小迥异[9]，明非[10]一鱼也。

注释

[1] 碧青：石青中颜色较浅者。旧称白青、鱼目青。

[2] 纤长：细而长。

[3] 类：类似。

[4] 殆：几乎，差不多。

[5] 审：反复分析，推究。

[6] 鐇：宽刃斧。

[7] 斤斧：指斧头。

[8] 东人：山东东部百姓，即今胶东一带百姓。

[9] 迥异：相差很远。

[10] 明非：明显不是，显然不是。

译文

催生鱼，颜色碧青，鱼体细长，如筋竹一般。身体像骨头一样坚硬，鱼的鼻梁骨横向，大概有四寸多长，眼睛位于鼻端。渔民用渔网捕获，说可以催生，但未能推究其使用办法。《南越志》一书中说："鱕鱼，鼻子有横向的骨头，像宽刃斧头，海船碰到它必定断裂。"《吴都赋注》中说，"鱕鱼，有横向鱼骨，位于鼻子前端，形如斧头。"山东东部百姓往往称"斧斤"之"斤"为"镭"，所以这种鱼得名鱕鱼。那么鱕鱼似斧头而得名，催生鱼虽然鼻子上有横向的鱼骨，但是大小与鱕鱼相差很远，明显不是一种鱼啊！

【常用中文名】条纹虾鱼

【别名、俗名】甲香鱼　催生鱼

【分　　类】棘背鱼目玻甲鱼科

【形态特征】条纹虾鱼长 2 ～ 3 寸，肉很少，全身披硬甲。体甚侧扁，腹缘薄，薄而透明，尾部可以弯曲，甚至折成直角。身体完全包被于透明骨质甲中。吻突出，呈管状。口小，位于吻管顶端。背鳍 2 个，位于体末端。尾鳍在第二背鳍与臀鳍之间，以深凹刻分离。

【分布范围】条纹虾鱼分布于印度洋和太平洋西部，中国多见于南海，偶见于黄海、渤海。

【生活习性】条纹虾鱼经常十几条结成一群，把细长的管状吻向上，挺直肚皮，做垂直运动。甲香鱼平时能在水中水平游泳。觅食时，有时还能头朝下，垂直倒立，在泥沙中啄食微生物。

【价　　值】条纹虾鱼不能吃，经济价值很低。古代医学古籍中载，可用于催生，因而得名催生鱼。

离水烂

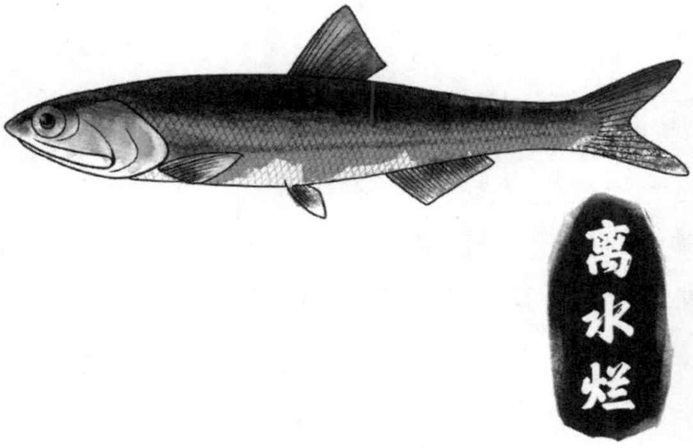

无名小鱼也，渔者为细网海边撩取[1]之。长数寸许，圆体饶肪，逡巡[2]失水，便致糜烂。海人为难于收藏，腌以为酱，鲜美可啖。经典所称鱼醢[3]，当指此。而言凡蟹、虾、八带鱼，皆可作酱。又有鱼子酱，海豚、鲐、鱿、偏口、魱鮥，其子[4]俱可作之。乌贼鱼卵，片片解散，以酒柔之，亦可下汤[5]。并方土[6]之贡珍[7]，盘肴之佳味也。但野人率素[8]，不解调和，腥咸未除，烹庖[9]无术。若腌以糟醪[10]，调以姜桂，登[11]之食筵[12]，荐诸宾馔[13]。虽古鲲酱[14]卵醢，方之蔑如[15]矣！

注释

[1] 撩取：捕，捕获。

[2] 逡巡：滞留，拖延。

[3] 醢：古代用肉、鱼等制成的酱。

[4] 子：鱼子，雌鱼未受精的卵子。因为那些卵子还没有完全成熟，所以还在雌鱼体内。

[5] 下汤：烹饪成汤菜。

[6] 方土：乡土，本地。

[7] 贡珍：进贡的珍品。

[8] 率素：简朴，质朴。

[9] 烹庖：烹治，烹煮。

[10] 糟醪：也作“醪糟”，一般指米酒。米酒，又叫酒酿，甜酒。旧时叫“醴”。主要原料是糯米，所以也叫糯米酒、江米酒。酒酿在北方一般称它为“米酒”或“甜酒”。用蒸熟的糯米拌上酒曲（一种特殊的微生物酵母）发酵而成的一种甜米酒。

[11] 登：进献。

[12] 食筵：筵席，宴会。

[13] 荐……馔：向……进献食物。

[14] 鲲酱：鱼苗制作的鱼酱。鲲：鱼苗。

[15] 方之蔑如：也作“方斯蔑如”，与它相比，远远不及。

译文

离水烂是无名小鱼的称谓，渔民用细扣网在海边捕取而得。长大约几寸，鱼体圆润，脂肪多，离水时间稍微一长，便腐烂变质了。渔民因为其难于收藏，便将其制成鱼酱腌制起来，味道鲜美，食用可口。古代典籍中所谓的“鱼醢”，应当就是这种。但是说蟹、虾、八带鱼，均可做酱。又有鱼子酱，河豚、鲐鱼、鲅鱼、偏口鱼和魱鮥鱼，其鱼子也均可做酱。还有说法，乌贼鱼子，将其片片分离，用酒将其软化，可以加入煮汤，也是当地进贡的珍品，宴会上的佳肴。但是百姓简朴，不懂得调味，其鱼腥咸味道没有除去，烹饪也没有方法。如果将鱼用醪糟进行腌制，以葱姜、桂皮予以调味，献于筵席之上，让诸位宾客享用。即使是古代的美味鱼酱，其味道也远远不及。

【常用中文名】鳀鱼

【别名、俗名】离水烂　海涎　抽条

【分　　类】鲱形目鳀科

【形态特征】鳀鱼体延长，稍侧编，背、腹缘较平直，腹部无棱鳞。头大，侧扁，头长大于体高。吻尖突，吻长约等于眼径。眼大，上侧位，为脂眼睑所覆盖。鼻孔每侧两个，位于吻端与眼前缘之间。口大，前下位，稍倾斜，上颌长于下颌。体被圆鳞，易脱落。背鳍中大，臀鳍狭长，腹鳍起点在背鳍起点前下方，胸鳍下侧位，尾鳍分叉。背部蓝黑色，腹部

银白色。背鳍散有小黑点，尾鳍灰黑色。体侧具一青黑色宽纵带，伸达尾鳍基。

【分布范围】鳀鱼分布于印度洋、西太平洋、中国、朝鲜、日本。中国沿海均产。

【生活习性】鳀鱼是集群性中上层鱼类，一般栖息于水色澄清的海区中，喜阴影，常随水面云影而移动。趋光性较强，幼鱼表现更为明显。以浮游动物、桡足类为食物。

【价　　值】鳀鱼一般为鲜销或制成咸干品，亦可作鱼饵。

鲫鱼

形如红姑，青黑色，长三尺许。有印方，长在鱼颠顶[1]，文理[2]纵横，略如[3]缪篆[4]。头颅坚鞕（俗作硬），大鱼被触[5]，靡不[6]僵毙。船艇着处，亦为罅漏[7]。《吴都赋注》谓："印在身中"。又引《扶南》[8]："俗云，诸大鱼欲死，鲫鱼皆先封之。"恐是虚诬[9]耳。此鱼福山[10]海中有之，亦不多见。余闻之妇弟[11]王镇翰（殿邦）云。

注释

[1] 颠顶：头顶。

[2] 文理：花纹，纹理。

[3] 略如：大概类似。

[4] 缪篆：汉代摹制印章用的一种篆书体。形体平方匀整，饶有隶意，而笔势由小篆的圆匀婉转演变为屈曲缠绕。具绸缪之义，故名。

[5] 被触：遭受撞击。

[6] 靡不：无不。

[7] 罅漏：裂缝和漏穴。

[8]《扶南》：即《吴时外国传》。它是三国时吴国的康泰所著记载出使南国见闻的一部书，是古代南海最早的地志专书。《吴时外国传》一书中唐宋时仍存在，后遗失，但散见于多种书籍的引文中。《水经注》称之为《康泰扶南传》

或《康泰扶南记》;《北堂书抄》称之为《吴时外国传》《扶南传》;《艺文聚类》称之为《吴时外国志》;《通典》称之为《扶南传》《扶南土俗传》《扶南土俗》;《史记正义》称之为《康泰外国传》《康氏外国传》。

[9] 虚诬:虚诞,虚妄。

[10] 福山:清代福山县,今山东烟台福山区。

[11] 妇弟:妻弟,郝懿行妻子王照圆的弟弟。

译文

䲟鱼形状如同红姑鱼,颜色青黑,大约三尺。鱼头顶上有像方形印章的部分,纹理纵横交错,与摹制印章用的一种篆书体相似。此鱼头骨坚硬,大鱼与之相撞,没有不殒命的。鱼头骨碰到船艇,也会造成船板裂缝。《吴都赋注》说,“身上有印”。再引用三国时吴国的康泰所著记载出使南国见闻的《扶南》一书:“民间传说,大鱼毙命前,䲟鱼都是对其盖印封官。”这个说法恐怕是虚妄的。这种鱼在福山海中出产,但是也不多见。我是听我妻弟王镇翰(殿邦)告诉我的。

【常用中文名】䲟鱼

【别名、俗名】印头鱼

【分　　类】鲈形目䲟科

【形态特征】䲟鱼体细长,前端稍平扁,向后渐成圆柱状。尾柄细,前端圆柱状,后端渐侧扁。头平扁,头的两侧至腹部微圆凸,在头及体前部的背部有一个由第一背鳍形成的长椭圆形吸盘。吻平扁,前端略尖,背部大部被吸盘占据。眼小,圆形,中侧位。眼间隔很宽,亦被吸盘占据。鼻孔每侧两个,紧相邻,位于口角上方。口大,前位,深弧形,微微向前方倾斜。下颌突出,长于上颌。体被小圆鳞,除头部及吸盘无鳞外,全身均被鳞。侧线完全。背鳍两个,分离远。第一背鳍形成吸盘,第二背鳍基底很长。臀鳍与第二背鳍同形。胸鳍上侧位,稍高,三角形。腹鳍胸位,尾鳍常尖长,随着年龄增长渐为楔形、截形,形成鱼尾鳍分叉。体灰呈黑色,腹侧呈浅色。各鳍呈黑褐色,幼虫尾鳍上下缘呈灰白色。

【分布范围】䲟鱼分布于世界各热带、亚热带和温带海域。中国沿海均产。

【生活习性】䲟鱼游泳能力较差,但分布遍及世界各海域,主要借助其头部吸附力很强的吸盘，吸附于游泳能力强的大型鲨鱼或海兽身体的腹面，有时亦吸附于船底。它自己不需游泳，便可被带到世界各海洋。当到达饵料丰富的海区，便脱离宿主，摄取食物，然后再吸附于新的宿主，继续向另外海区转移。

【价　值】䲟鱼为食用鱼，小尾的可供观赏或制成中药。䲟鱼可以吸附在大鱼身体上的特异生态，使得它深受水族馆的欢迎。

马鞯鱼

福山海中饶之，形状宽狭全[1]，似障泥[2]，作紫绀[3]色。一面有鳞，盖王余[4]之类而厚，大倍之。肉极腴美[5]，不减镜鲳[6]，货者珍之。一种牛舌头鱼，略似马鞯。而上博下杀[7]，首尾浑圆，不似马鞯，首带方形也。亦一面有鳞，唯目殊小[8]。鱼重二斤者，其目才如绿豆。腹下四边俱淡红色，中央微白为异。

注释

[1] 宽狭全:(鱼形状)宽的窄的都有。
[2] 障泥:位在马鞯两旁下垂的马具，用来挡避泥土，所以称为“障泥”。
[3] 紫绀:紫黑色。
[4] 王余:王余鱼，即偏口鱼，详见“偏口鱼”一则。
[5] 腴美:丰美。
[6] 镜鲳:镜鱼和鲳鱼。
[7] 上博下杀:上宽下尖。
[8] 殊小:很小，特别小。

译文

马鞯鱼，福山海中多产，鱼形状不一，宽的、窄的都有。形状像位在马鞯两旁下垂、用来挡避泥土的障泥，颜色紫黑。一面有鱼鳞，大概是王余鱼之类的鱼，但是厚度比王余鱼厚，也比其大几倍。鱼肉肥美，口味不比镜鱼和鲳鱼差。购买的人对其极为看重。还有一种鱼，名叫牛舌头鱼，形状与马鞴鱼类似。但是鱼头处宽鱼尾处窄，头尾都呈圆形，不像马鞴鱼那样鱼头是方形的。牛舌头鱼也是一面有鳞，只是其眼睛特小。重量为二斤的鱼，眼睛才如绿豆般大小。鱼腹下面四边都是淡红色的，中间微白色，令人称奇。

【常用中文名】鳎目鱼

【别名、俗名】牛舌　紫斑舌鳎　马鞴鱼

【分　　类】鲽形目舌鳎科

【形态特征】鳎目鱼体细长，很侧扁，呈舌形。头短，头长短于头高。两眼均偏左侧，眼间隔微凹，小于眼径。有眼一侧前鼻孔有管，在下眼前方，接近上唇。后鼻孔位于眼间隔前部中央。口弯曲，弓状，口角后端止于下眼中部。体两侧均被栉鳞，较小。无眼侧前端鳞片变为绒毛状突起。背鳍及臀鳍均甚长，与尾鳍相连。背鳍起于眼前上方，臀鳍起于鳃盖后缘下方。腹鳍仅有眼侧存在。尾鳍尖形。眼侧呈褐色，体侧常布满黑色小点；各鳍色暗，边缘呈浅色。

【分布范围】鳎目鱼分布于中国、朝鲜和日本。在中国产于渤海、黄海和东海。

【生活习性】鳎目鱼为热带底层海鱼，鱼种本身繁殖力非常弱，因此较为稀少珍贵。

【价　　值】鳎目鱼为食用鱼类，但是个体较小，产量不高。它富含丰富的蛋白质、微量元素和维生素、钙、钾、铜、锌等矿物质，对人体有很好的补益作用。

橛子鱼

圆体细鳞，为色纯黄。长或尺许，自上而下渐以锐小[1]，甚似椓杙[2]之形。海人谓为龙王橛子，肉亦可啖。

注释

[1] 锐小：变尖变小。

[2] 椓杙：亦作"椓弋"，谓捶钉木桩。

译文

橛子鱼鱼体为圆形，鱼鳞细小，颜色为纯黄色。鱼体长约一尺，自鱼头到鱼尾，渐渐变小变尖，特别像木桩的形状。渔民称它为"龙王橛子"，鱼肉也能吃。

【常用中文名】 鲬鱼

【别名、俗名】 百甲鱼　牛尾鱼　拐子　橛子鱼

【分　　类】 鲉形目鲬科

【形态特征】 鲬鱼体平扁，延长，向后渐狭小。头宽大，平扁，棱低平，明显，无棘。吻被视近半圆形。眼中大，上侧位。眼间隔宽而微凹，比眼径为大。鼻孔两个，前鼻孔后缘具一皮瓣，后鼻孔较大。口大，端位，下颌突

出。体被小栉鳞，吻部及头腹部无鳞，侧线平直，中位。背鳍两个，相距很近；臀鳍与第二背鳍相对；胸鳍短圆；腹鳍前腹位；尾鳍圆带截形。体呈黄褐色，具黑色斑点，腹面呈白色。背鳍具黑褐色小点纵行。胸鳍呈灰黑色，密具暗褐色小斑。腹鳍呈浅色，具不规则小斑。尾鳍具灰黑色斑块。臀鳍呈浅灰色。

【分布范围】分布于印度洋、西太平洋。中国沿海均产。

【生活习性】鲬鱼是常见底层经济鱼类，平时栖息于沙底海区，游泳缓慢，一般不结成大群。生殖期在 5 ～ 6 月。

【价　　值】鲬鱼是中国次要的经济鱼类之一，主要供鲜食。鲬鱼也是出口品种。

黄鲼鱼

形体浑圆，有长八九尺者，肥亦中啖[1]。头略似鲼（俗作鲫），余不类也[2]。而海人以鲼呼之，余不谓然[3]。或“鲼”当作“脊”，然是鱼[4]，鳞鳍俱黄，不独脊上为然[5]。

注释

[1] 中啖：中吃，可口。

[2] 余不类也：（除了头部以外），其余部分均不像鲫鱼。

[3] 谓然：认为……是正确的。

[4] 是鱼：此鱼。

[5] 为然：是这样的。

译文

黄鲼鱼形状浑圆，有的长八九尺，肥美可口，鱼头略像鲼鱼（俗作鲫），其余部分均和鲫鱼不像了。而渔民称呼它为“鲼”，我认为这是不正确的。也有人说“鲼”字当为“脊”字。但是此鱼鱼鳞、鱼鳍都是黄颜色的，不单单脊背为黄色。

【常用中文名】黄鲫

【别名、俗名】毛口　麻口　黄鲼鱼　黄尖子

【分　　类】鲱形目鳀科

【形态特征】黄鲫体很侧扁，不很高，背缘窄，腹缘有锋利的棱鳞。头小而侧扁，吻短钝。眼大于吻长，侧前位，眼间隔中间微凸。鼻孔距眼前缘很近。口大，倾斜，口裂窄长。上颌稍长于下颌。体被圆鳞，极易脱落。背鳍前方有一个小刺。胸鳍和腹鳍的基部有腋鳞。背鳍起点与臀鳍起点相对，胸鳍位低，腹鳍位于背鳍的前下方，尾鳍为叉形。吻和头侧中部呈淡黄色，体背是青绿色，体侧为银白色。背络、胸鳍和尾鳍均为黄色，臀鳍为浅黄色。

【分布范围】黄鲫分布于印度洋、西太平洋。中国沿海均产。

【生活习性】黄鲫为近海中下层鱼类，通常喜栖息于泥沙底、水流较缓的海区，白天栖息的水层较深，夜晚上浮表层。摄食浮游甲壳类，一般不结成大群，移动范围不大。生殖期一般在 5 ～ 6 月间。

【价　　值】黄鲫是中国重要食用鱼类之一，肉质细嫩，肉味甜美，营养价值很高，具有和中补虚、除湿利水、温胃进食、补中生气之功效。黄鲫可鲜销、制作咸鱼干或鱼粉。

丝黄鱼

形状略似梭鱼，而头不扁，目亦黄色。又有紫色者，实一种鱼也。福山海中，四时[1]恒[2]有，钓艇[3]所得佳，饶[4]此味。

注释

[1] 四时：春、夏、秋、冬四季。
[2] 恒：常常，经常。
[3] 钓艇：钓鱼船。
[3] 饶：多，丰饶。

译文

丝黄鱼，形状与梭鱼相近，但是鱼头不扁，鱼目也呈黄色。还有一种紫色的鱼，实际上是同一种鱼。福山海中，一年四季都有，钓鱼船钓到的丝黄鱼较好，这种海味也是比较多的。

【常用中文名】六线鱼
【别名、俗名】黄鱼　海黄鱼　大泷六线鱼　丝黄鱼

【分　　类】鲉形目六线鱼科

【形态特征】六线鱼体延长，侧扁，头中大而尖。吻尖突，长于眼径。眼中大，上侧位，距吻端比距鳃孔近。眼间隔宽平。鼻孔小，一个，具短管，距眼比距吻端近。口中大，端位，上颌稍突出，后端伸达眼前缘下方。体被小栉鳞，头部、胸鳍基底及鳍条下部及尾鳍均被小圆鳞。背鳍连续，胸鳍宽圆。腹鳍亚胸位，尾鳍后缘微凹。体为黄褐色，背侧较暗，约有 9 个暗色斑块，体侧具不规则灰褐色斑块。臀鳍鳍条为灰褐色，末端为黄色，其他各鳍均具灰褐色斑纹。

【分布范围】六线鱼分布于中国、朝鲜及日本。中国产于黄海。

【生活习性】六线鱼是冷水性近海底层鱼类，常栖息于沿岸浅水的岩礁石砾地带。主要摄食小鱼、底栖甲壳类。秋季产卵，雄鱼守护卵子孵化，稚鱼游动在水表层，当体长为 40 ～ 50 毫米时，即转营近岸底层生活。生殖期在 10 ～ 11 月，水温在 12℃～ 19℃时于砂砾石块的内湾生殖。

【价　　值】六线鱼是黄海、渤海中经济型鱼类之一，外形美观、肉质鲜嫩，为中国次要经济鱼类之一。

海鳝鱼

体圆，青色，略似河鳝。锐头大口，利齿如锯。两边绝无，乃在中央。一道锋芒，直入咽喉。巨鱼遭之，迎刃立断。肉虽腴美，骨刺纤长，须防作鲠[1]。海人食馎饦[2]，碎切为馅，杂[3]入萝卜数片，旋即[4]简去[5]，骨刺尽出矣。鱼大者长四五尺，阔可尺许，为性悍猛[6]。钓者惮[7]之，呼之狼牙鱼，或曰海狼。

注释

[1] 鲠：（鱼骨头等）卡在喉咙里。

[2] 馎饦：也作“不托”，面片汤的别名，是中国的一种传统水煮面食。

[3] 杂：掺杂，混合。

[4] 旋即：立刻，随即。

[5] 简去：剔除。

[6] 悍猛：彪悍凶猛。

[7] 惮：怕，畏惧。

译文

海鳝鱼鱼体浑圆，颜色为青色，与河鳝形状相近。尖头，大口。牙齿锋利如锯。口中两边没有牙齿，仅位于口部中央。恰似一道利刃，直入咽喉。大鱼与之相遇，碰到它的利齿便断裂。海鳝鱼虽然肉质肥美，但是其骨、刺却又细又长，必须提防鱼骨卡到喉咙。渔民吃面片汤的时候，将鳍鱼切碎为馅料，再混杂着几片萝卜，很快将萝卜片取出，鱼骨、鱼刺全都除去了。大鱼的长为四五尺，宽约一尺，彪悍凶猛。钓鱼者对鳍鱼非常畏惧，叫它“狼牙鱼”，也叫“海狼”。

【常用中文名】海鳗

【别名、俗名】海鳝鱼　狼牙鳝　勾鱼　即勾鱼

【分　　类】鳗鲡目海鳗科

【形态特征】海鳗体呈鳗形，粗壮，较延长，躯干部近圆筒状，尾部侧扁。肛门位于体前半部。体光滑，无鳞片。头较大，中等大，锥形。吻延长，上颌略突出。眼大，卵圆形，为皮肤覆盖，眼间隔稍隆起。鼻孔每侧两个，前鼻孔呈短管状，后鼻孔不为管状。口大。上下颌牙均为3行，锥形，中间一行最大，侧扁，个别略呈三尖形。前颌骨部及下颌前方具有5～10枚大形犬牙，排列不规则。前颌骨部牙丛后方与犁骨牙带相连，不与上颌骨牙相接。犁骨牙3行，中间一行最大，呈三尖形。背鳍起点位于胸鳍基部稍前的上方。背鳍、臀鳍与尾鳍相连续，均发达。胸鳍发达，呈长尖形，无腹鳍。身体背侧呈暗灰色，腹侧近乳白色。背鳍、臀鳍、尾鳍边缘为黑色，胸鳍为淡黑色。

【分布范围】海鳗分布于非洲东岸、印度洋、印度尼西亚、菲律宾、朝鲜、日本及中国各海区。

【生活习性】海鳗为暖水性凶猛底层速游鱼类，具季节性洄游。一般栖息于水深50～80米的泥沙或沙泥底的海区。生殖期在6～8月。海鳗主要摄食枪乌贼、短蛸、鹰爪虾、周氏新对虾、赤虾、虾蛄、寄居蟹、天竺鲷、叫姑鱼、带鱼、短吻红舌鳎等生物。

【价　　值】海鳗是中国主要经济鱼类之一，产量较高，肉味鲜美，营养丰富。海鳗主要为咸干品销售，部分产品可鲜销或制作罐头。

海盘缠

大者如扇，中央圆平，旁作五齿，歧出[1]每齿，腹下皆作深沟。齿旁有髯[2]，水虫、幺麽[3]误入其沟，便乃五齿反张[4]，合并其髯，夹取吞之。然都不见口目处。钓竿所得，饵悬腹下，盖骨作四片，开即取食，合仍无缝也。既乏[5]肠胃，纯骨无肉，背深蓝色，杂以赪[6]点，腹下纯红。其小者腹背皆红，状既诡异[7]，莫知所用[8]。乃至命名，亦复匪夷所思[9]。将古海贝之属，其类非一，及其用之，皆为货贿[10]，故雅[11]擅斯名[12]欤！

注释

[1] 歧出：旁出。

[2] 髯：动物的须。

[3] 幺麽：微小、细小之物。

[4] 反张：合并，合拢。

[5] 乏：没有，缺乏。

[6] 赪：赤色，红色。

[7] 诡异：令人惊讶、迷惑。

[8] 莫知所用：不知道(其结构)的用途。

[9] 匪夷所思：不是一般人根据常情能想象的。
[10] 货贿：财货，财物。
[11] 雅：很，非常。
[12] 擅斯名：享有这个名声。

译文

海盘缠大的像扇子一样，中央圆形且平整，旁边有5个齿状触角，每个触角都从旁边侧出，其腹部以下都是深沟。触角旁边有须状毛发，小虫等误入深沟，海盘缠的5个触角便合拢起来，其须状毛发也合并起来，于是将其夹取吞入腹中。然而看不见它的口、眼位于什么地方。使用钓竿可以捕获，将饵料垂放于腹部之下，海盘缠共有4片骨头组成，骨头张开便可捕食猎物，合起来则严丝合缝。它没有肠胃，整体全是骨头而没有肉，其背部为深蓝颜色，上面点缀着红色斑点，腹下则是纯红的。那些小的海盘缠腹部、背部都是红色的，其形状有些令人惊讶，不知道这种结构的用途是什么。谈到它的名字，也令人匪夷所思。将海盘缠划归古海贝之类，类别迥然不同，然而用“盘缠”之名，皆表示财货，所以才享有这个名字！

【常用中文名】海盘车
【别名、俗名】海盘缠　海星
【分　　类】钳棘目海盘车科
【形态特征】海盘车呈五角星形。腕五，较长，呈辐射状排列，自棘部向先端渐细，先端微弯曲，有吸盘。反口面微微隆起，有紫红色花纹，口面平坦，为淡黄色，表面粗糙，具有许多疣状突起和棘刺。质硬而脆，易折断。气味腥，味咸。
【分布范围】罗氏海盘车分布于中国渤海、黄海等沿岸；多棘海盘车分布于中国辽宁、山东沿海。
【生活习性】罗氏海盘车栖息于潮间带的沙底或石砾底，多棘海盘车栖息于潮间带至水深40米的泥沙底及岩石间。摄食对象为行动较为迟缓的海洋动物，如贝类、海胆、螃蟹和海葵等。
【价　　值】海盘车可入药，具有平肝镇惊、制酸和胃、清热解毒之功效，常用于癫痫、胃痛吐酸、甲状腺肿大和中耳炎等病症。

虾蟆鱼

鱼形，全似虾蟆。唯尾长尺许，皮色青黄，不作痱瘤[1]。细鳞如钉子之形，然亦濡软[2]，手扪[3]之，如虾蟆皴[4]也。福山海中，尝有举网[5]得之者，初不敢啖，投之沙碛[6]，人或收而煮啖之，风味甚佳，清美如蟹，乃知水陆[7]所生，形多肖似[8]。海驴海牛，人有见者，即作牛驴之形。洪钧[9]陶冶[10]，亦有依循[11]，释典[12]轮回，乃成虚妄[13]。众生代谢[14]，譬[15]彼树花。若谓来世之因，必资[16]见身[17]之果。然则茫茫造化[18]，宁当作印版文章也？

注释

[1] 痱瘤：亦作“痱磊”，小肿，亦泛指疹样小粒块。
[2] 濡软：水润使之柔软。
[3] 扪：抚摸。
[4] 皴：皮肤坼裂。
[5] 举网：撒网，张网。
[6] 沙碛：沙滩，沙洲。
[7] 水陆：水下和陆地，水陆两栖。
[8] 肖似：犹相似，相像。
[9] 洪钧：上天。
[10] 陶冶：陶铸，教化培育。

[11] 依循：依照遵循。
[12] 释典：佛教的经典。
[13] 虚妄：荒诞无稽，没有事实根据。
[14] 代谢：指新旧更迭，交替。
[15] 譬：比如，比方。
[16] 资：取，取用。
[17] 见身：亦作“现身”，目前的行为。
[18] 造化：自然界的创造者。亦指自然。

译文

虾蟆鱼的形状，全似虾蟆。只是尾部长约一尺，皮色青黄，但是上面没有像虾蟆那样的凸起。鱼鳞较细，像钉子一样，然而用水润软，用手抚摸，则像坼裂的虾蟆皮肤一般。福山一带海上曾有人撒网捕获虾蟆的，最初不敢食用，将其扔在沙滩上，有人收起，烹煮食用，风味较好，如吃蟹般味道清美，才知道虾蟆鱼是水陆两栖的生物，多像海驴、海牛那样。人见到时，便呈现出牛、驴的形状。上天教化培育，也有规律予以遵循。佛教经典中所说的轮回，成了荒诞无稽的事情了。一切生物新旧更迭，正如枝头花朵。如果想说来世的因果，必须考究今生的行为。然而茫茫大自然，难道只能作印版文章吗？

【常用中文名】黄鮟鱇
【别名、俗名】海虾蟆　虾蟆鱼　结巴鱼　琵琶鱼
【分　　类】鮟鱇目鮟鱇科
【形态特征】黄鮟鱇体前端平扁，呈圆盘状，向后细尖呈柱形。头大，吻宽圆，平扁，背面无大凹坑。眼较小，位于头背方。眼间隔很宽，稍凸。鼻孔突出，位于眼前部。口很宽大，下颌较长。体无鳞，在头体上方及两颌边缘均有许多大小不等的皮质突起，有侧线。第一背鳍顶端有皮质穗，第二背鳍与臀鳍均位于尾部，臀鳍后于背鳍起点。胸鳍较宽，侧位，圆形。腹鳍短小，尾鳍近截形。体上方为紫褐色，各鳍均为黑色，体下方为白色。
【分布范围】黄鮟鱇分布于中国、朝鲜、日本。中国黄海、渤海较多。
【生活习性】鮟鱇鱼为近海底栖生物，以背鳍皮瓣为“拟饵”诱捕小鱼，食量大，能发出似老人咳嗽声，故称“老头鱼”。

海肠

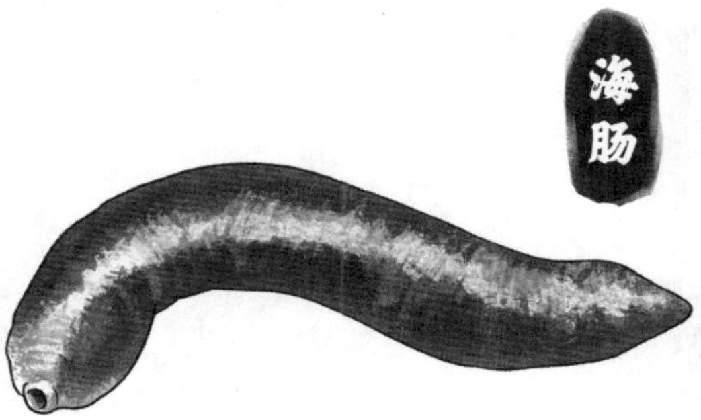

形如蚯蚓而大，长可尺许，土色微红。一头肉刺，有类须然[1]，盖其首也。穴[2]于深海之底沙中，作孔如蛣蜣[3]所居，约入沙二尺许。头在穴口，幺虫[4]经过，吸取吞之。其遗矢[5]处，亦作细孔，人不见也。肠细如线，可长丈许。夜间出穴觅食，肠蒂[6]却系穴口，比晓[7]仍还。或遭风浪，漂断[8]游肠，栖泊[9]岸边，为人所得矣。破视[10]其腹，血色殷然[11]。海人亦喜啖之，或去其血，阴干[12]其皮，临食以温水渍[13]之，细切下汤，味亦中啖[14]。海蛆者，巨如鳦卵，尾如鼠尾，腹尽淄泥[15]。钓竿为饵，以致嘉鯕饶有所得[16]。其物难煮，不中啖也。

注释

[1] 有类须然：就像长着胡须的样子。

[2] 穴：穴居，穴藏。

[3] 蛣蜣：即蜣螂，昆虫，俗名“屎壳郎”，可入药。

[4] 幺虫：微小的虫。

[5] 遗矢：排便。

[6] 蒂：末端，尾部。

[7] 比晓：到了早上或等到拂晓。

[8] 漂断：被风浪冲断。

[9] 栖泊：居留，停泊，寄居。

[10] 破视:(用刀)划开,予以观察,

[11] 殷然:指鲜红色还带着黑的颜色。

[12] 阴干:将东西放在透风且日光照不到的地方,使其慢慢变干。

[13] 渍:浸泡,浸沤。

[14] 中啖:中吃,合口味。

[15] 淄泥:黑色的泥。淄:通"缁"。

[16] 饶有所得:钓到不少(嘉鯕鱼)。

译文

海肠形如蚯蚓,但是比蚯蚓大。其中长的约一尺,颜色为土色,微微泛红。一头有肉刺,恰似人的胡须,这就是海肠的头部。海肠栖身于深海底沙之中,挖洞和蜣螂穴类似,其洞穴大约进入沙子两尺左右。海肠头部位于穴口处,当小虫经过时,将其吸取进来,然后吞吃。它排粪便的地方,也有细孔,人们往往看不到。海肠的肠子像细线一般,约一丈长。夜间,海肠从洞穴出来,寻找猎物,其肠子末端仍在穴口处,拂晓时分,肠子归还。有时遭遇风浪,出游的肠子被风浪击断,海肠便滞留在岸边,然后为渔人所得。用利器划开海肠腹部,血色红里带黑。渔民喜欢食用。清除其血,将海肠皮阴干,想要吃的时候,用温水浸泡,将其切细做汤,味美可口。还有一种,名叫海蛆,形状如鸭蛋般大小,尾巴似鼠尾一般,其腹内全是黑泥。钓鱼的时候,以海蛆为鱼饵,可以钓到不少的嘉鯕鱼。但是这种鱼难以煮烂,不中吃。

【常用中文名】海肠

【别名、俗名】海鸡子　看护虫　匙虫

【分　　类】无管螠目刺螠科

【形态特征】海肠体呈圆筒状,体前端略细,后端钝圆。体不分节。体表有许多疣突,略呈环状排列。吻能伸缩,短小,匙状,与躯干无明显界限。活体时虫体呈紫红色或棕红色。

【分布范围】海肠分布于俄罗斯、日本、朝鲜和中国渤海湾等海域。

【生活习性】海肠为杂食动物,多以泥沙中腐烂的有机物、小型底栖生物为食。

【价　　值】海肠个体肥大,肉味鲜美,体壁肌富含蛋白质和多种人体必需氨基酸,有较高的经济价值。

海带

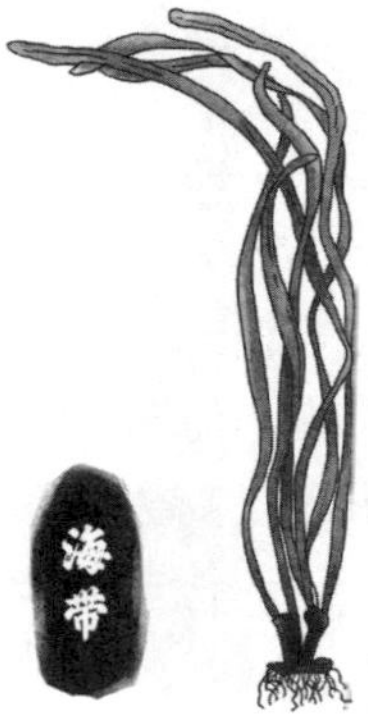

海中诸草，可啖者多，唯此不[1]耳。土人因其形似，目为[2]带云。叶如麦冬[3]而长，产于海底，高可隐人。其根如茅[4]而节间稍短，咀[5]之甜脆。为草蕃庶[6]。海人没水撩取[7]，堆积如山，本青绿色，曝干即黑，经霜又白，捆载[8]而归。寒乡[9]苫屋[10]，胜于覆茅。既免火灾，又能经久[11]。虽屡更秋霖[12]，终无腐败，亦奇物也。海边村落，弥望[13]皎然[14]。就近窥寻[15]，乃有人家居然白屋[16]矣。

注释

[1] 不：同“否”，不可（食用）。
[2] 目为：看作。
[3] 麦冬：也叫沿阶草、书带草。叶长如兰，可入药。
[4] 茅：白茅，俗称茅草。
[5] 咀：咀嚼，玩味。
[6] 蕃庶：意为繁盛、众多，出自《周易·晋卦》。
[7] 撩取：攫取。
[8] 捆载：同“稛载”，满载。
[9] 寒乡：寒冷的地方，也指贫穷荒僻的地方。
[10] 苫屋：用茅草葺房屋的顶部。

[11] 经久：耐久。
[12] 秋霖：连绵不断的秋雨。
[13] 弥望：充满视野，满眼。
[14] 皎然：明亮洁白貌。
[15] 窥寻：仔细寻求，仔细查看。
[16] 白屋：以茅草覆盖的房屋，为古代平民所居；也代指平民或寒士。

译文

在海底生长的植物中，可以食用的有很多种，唯有这种海带是不可以食用的。当地人因为其形状如带，而命名海带。海带叶子像麦冬草一样，但是比麦冬草要长些。海带产于海底，其高度比成人还高。海带的根部就像茅草根一样，但是比茅草的根节短些，咀嚼起来有甜味，且有点脆。海带在海底生长繁茂。当地渔民潜入水下，攫取海带，并将它们堆积起来。令人感到奇怪的是，本来青绿色的海带经过日光的照射变成了黑色，后来再经过霜打之后，居然又呈现白色。住在临近海边寒冷地方渔民将它们捆扎起来，运回家里。用以苫制房舍，要比用茅草苫屋好很多。其一，海带因其从海水中获得，盐分较高，所以可以避免火灾；其二，不容易腐朽。海带苫制的屋舍，尽管经常遭受连绵秋雨的侵蚀，但是始终没有腐烂的忧虑，这堪称一奇。海边的渔村，从远处眺望，一片洁白。当靠近仔细观察，就会发现是居住在海带苫制的房舍中的渔民人家。

【常用中文名】大叶藻海带
【别名、俗名】海马蔺　海草　海带草
【分　　类】海带目海带科
【形态特征】大叶藻海带为多年生沉水草本，有根状匍匐茎，节上生须根。茎细，有疏分枝。叶互生，长条形，长30～50厘米，宽3～5毫米，先端钝圆，全缘。托叶膜质，与叶基分离。
【分布范围】大叶藻海带分布于辽宁至山东沿海各地。
【生活习性】大叶藻海带生于海滩中潮带，成大片的单种群落。
【价　　值】大叶藻海带不可食用，可用于苫制海草房。可入药，具有清热化痰、软坚散结和利水的功效，主治瘿瘤结核、水肿和脚气等病症。

海粪

江河水下，浮苴[1]漂木，东流到海，潮汐浪淘[2]，碎为粪壤[3]。北土[4]寒冬，家有火炕，辇粪[5]熏烘[6]，可代薪燎[7]。其火无焰微酿[8]，青烟而不触鼻[9]，却可熏蚊兼无火患[10]也。

注释

[1] 浮苴：水中浮草。
[2] 浪淘：在大浪中洗净沙石。
[3] 粪壤：秽土。
[4] 北土：泛指北部地区，出自《左传·昭公九年》。
[5] 辇粪：运来浮草的碎土。
[6] 熏烘：用烟火烘。
[7] 薪燎：柴木。
[8] 酿：发酵的酒味。
[9] 触鼻：刺鼻。

［10］火患：火灾。

译文

江河水流而下，有水草浮动，也有漂浮的木头。水东流至大海，潮汐淘洗着海里的石头，也将浮木、浮草打碎呈秽土状。北方寒冬，家里烧起火炕，运来浮草的碎土，点火烘烤，可以代替柴火。浮草碎土点燃时，无火焰，微微有发酵的酒味，黑烟，但是不刺鼻，然而却可以熏走蚊虫，且没有火灾的隐患。

【常用中文名】草炭土
【别名、俗名】海粪　泥炭
【形态特征】草炭土即泥炭，是沼泽发育过程中的产物。草炭土是由沼泽植物的残体不能完全分解堆积而成，富含大量水分和未彻底分解的植物残体、腐殖质以及一部分矿物质。质地松软，易于散碎，多呈棕色或者黑色，具有可燃性和吸气性。
【分布范围】草炭土分布于辽宁至山东沿海各地。
【价　　值】草炭土可用于草坪、花卉、育苗需要的有机肥，也可用来改良土壤。

附 录

海錯一卷

光緒五年歲在己卯東路廳署開雕

序

農部郝君恂九自幼窮經老而益篤日屈身於打頭小屋孜孜不輟有餘閒記海錯一冊舉鄉里之稱名證以古書而得其貫通刻畫其形亦逼肖也吾將持此冊以語東海波臣意必有揚鬐鼓鬣喜其徵實不誣者乎第恐枯魚過河而泣曰甯與若相忘於江湖也甲戌臘日

王善寶題於湖南官署

記海錯

棲霞郝懿行著

海錯者禹貢圖中物也故書雅記厥類寔繁古人言矣而不必見今人見矣而不能言余家近海習於海久所見海族亦孔之多遊子思鄉興言記之所見不具錄錄其資攷證者庶補禹貢疏之闕略焉時嘉慶丁卯戊辰書

嘉鯕魚

登萊海中有魚厥體豐碩鱗鬐頳紫尾盡赤色詩言魴魚頳尾

（此近似之）啖之肥美其頭骨及目多肪腴有佳味率以三四月間至經宿味輒敗京師人將氷船貨致都下因其形象謂之大頭魚亦曰海鯽魚土人謂之嘉鯕魚案許氏說文鮇鯕魚出東萊廣韻云鮇鯕鯿魚也謂之鯿魚亦因其形似耳其鱗色赤黑者謂之海鮇味不及嘉鯕許云出東萊者今茲魚獨登萊有之（舊唯出登州故海人言嘉鯕不過三山今亦過萊而西矣）是鮇鯕即嘉鯕（讀如基）蓋一物二種或古今異名也又水經江水注云江之左岸有巴鄉郪郪人善釀酒郪側谿中有魚其頭似羊豐肉少骨美於餘魚余謂今嘉

鯕頭骨童兒掇拾插點爲羊其首顱乃僵肖又豐肉少骨美於餘魚酈注所稱疑爲一物唯生於江海爲異耳亦猶魚枕象丁魚尾象丙之類矣因感爾雅之文辨證於此此一條丙寅年秋入月讀水經注因記之

魱鮥魚

爾雅釋魚云鮥當魱郭璞注云海魚也似鯿而大鱗肥美多鯁今江東呼其最大長三尺者爲當魱余案此即今之魱鮥魚海人或謂之鯗魚非也鯗音想俗字也按香祖筆記云山海經何羅魚出譙明山譙水中聲如吠犬食之已癰今登萊海上三月何羅魚始至味甚美即甯波之鯗也漁

洋此說蓋誤䱹郭璞音胡一音互鮥呂忱音格今登萊人讀䱹音如河鮥音如洛蓋胡河聲轉格洛皆古音也郭云海魚正指此而近人說爾雅者以爲今之鰣魚誤矣䱹鮥鰣魚雖同類之物出於江海則異今驗䱹鮥鱗有異采入夜光明鰣魚質微小而鱗采尤殊婦人用飾花鈿也形俱似鳊大鱗而多骨啖者畏之又釋魚鮥當䱹與鮥鮇鮪連文陸德明音義於鮥云字林作鮥巨救反於鮥云字林作鮥音格云當䱹也然則呂忱所見爾雅本作鮥當䱹與今本異證以登萊人䱹鮥之讀當由自古

相傳以爲然呂所見必是漢魏以來古本也

鯔魚

吳志吳範劉惇趙達傳裴松之注引葛洪神仙傳曰仙人介象吳主共論鱠魚何者最美象曰鯔魚爲上吳主曰此出海中安可得邪象曰可得耳乃令人於殿庭中作方埳汲水滿之垂綸於埳中須臾果得鯔魚吳主驚喜唐慎微大觀本草云鯔魚似鯉身圓頭扁骨輭生江海淺水中余案鯔之言緇也其色青黑而目亦青又有樛魚其形與鯔魚同唯目作黃色爲異當是一類二種

耳其肉作鱠菈美故吳主云爾而以爲出海中今登萊海上冬春間多有之廣韻云鰡側持切魚名卽此㮓魚出文登海中者佳以冰半時來彼人珍之呼開凌㮓

老般魚

老般魚者老槃魚也太平御覽九百三十九引魏武四時食制曰蕃蹹魚（一曰蕃羽魚）如鼈大如箕甲上邊有髯無頭口在腹下尾長數尺有節有毒螫人文選江賦注引臨海水土異物志曰鱝魚如圓盤口在腹下尾端有毒余案此物卽今之土魚形與老般無異唯微厚腹色黃

俗呼爲黃裹大者爲黃金牛頭與身連非無頭也尾如彘尾而無毛有刺如鍼螫人立斃陳藏器本艸拾遺謂之海鷂魚一名蕃遢魚（遢疑當作羽）一名鱝魚一名荷魚一名少陽魚（少亦作邵）凡有數名覈其形狀與老般魚皆即一類而老般實無毒其狀如長柄荷葉故亦名荷魚又形頗近隸書命字俗人因呼命魚也食制云如鼈非也形乃正圓如槃般古音同槃故知老般即老槃也體有涎鮏輭甲甲邊髯皆輭骨骨如竹節正白然其肉蒸食之美也其骨柔脃亦可啖之

鱴魚

登萊海中有魚灰黑色無鱗有甲形似鮐魚而背無黑文體復長大其子壓乾可以餉遠俗人謂之鮍魚然鮍非魚名也余案廣韻四十禡𤽄紐下有鱴字白駕切云海魚也是鮍當作鱴矣

海豚

海豚登萊間人呼爲挺拔蓋俗音譌轉失眞也古呼爲鯸鮐玉篇作鯸鮔今人多不識其形狀唯文選中說之極詳劉逵吳都賦注云鯸鮐魚狀如科斗大者尺餘腹

下白背上青黑有黄文性有毒雖小獺及大魚不敢啖之蒸煮啖之肥美豫章人珍之是其形狀也今驗其魚腹上有刺如鑢物錯小兒取其皮蒙鼓自頭至尾全如科斗形目解開闔異於餘魚其性善怒物觸著之即氣滿於腹沈括筆談所謂吹肚魚者也古云其肝殺人今海人摘去其肝滌其血盡肉白而肥不殊玉膾劉蘆根同煮蓋蘆根汁能解河豚毒也故蘇軾詩云蔞蒿滿地蘆芽短正是河豚欲上時又橄欖極解魚毒陳藏器本草拾遺云其木主鯸魚毒此木作櫂撥著鯸魚皆浮出

今案鯢當作規補筆談云浙東人呼河豚為規魚又有生海中者名海規是也而大觀本草既載鯸鮧（當作鮐）又出鯢魚一條蓋不知卽一物也又其魚子有大毒不可啖之今海人取其子麵海岸沙中經三伏出之卽無毒可啖壓極乾可以餉遠也

蟹

海錯之中蟹族甚多不可殫述大者盈車細者如豆狀類難名其尤異者甲上有文作老人面鬚眉畢具謂之鬼蟹蓋說文所謂蛫（過委切）蟹也文登海中有蟹大小如

錢厚蹄寸半宜爲炙連骨啖之味極脆美彼人所謂獨鹿者也（海人讀鹿爲栗）別有一種似蟹而小其色微黃⿱敖月（俗作⿱敖足）跪俱短不可食蔡謨啖之幾死本草陶注所謂蟚蜞者也又海壖間泥孔漏穿平望彌日穴邊有一小蟹跂腳昂頭側身遙睇見人欻入所謂望潮此種是也亦不可食余聞海邊人有啖蟹遇毒者或言蟹食鯸鮐子殺人非也歲歲春時海豚大上卽如是殺人多矣殊不爾也舊說蟹食水莨（集韻音建）草毒人如遇其毒須蘆根橄欖子解之本草云

鰒魚

漢書王莽傳云莽憂懣不能食亶飲酒啗鰒魚顏師古注曰鰒海魚也音雹後漢書伏隆傳云張步遣使隨隆詣闕上書獻鰒魚章懷注引郭璞注三蒼云鰒似蛤偏著石又引廣志曰鰒無鱗有殼一面附石細孔雜雜或七或九本草云石決明一名鰒魚音步角反余案陶隱居本草注云石決明是鰒魚甲附石生大者如手明燿五色內亦含珠今驗鰒甲隻而無對內含光明善治目盲故名九孔螺一名千里光其肉如馬蹏用炭灰腌之

經久不敗可以餉遠登萊尤多海人謂之鮑魚誤也鮑乃乾魚本草謂之蕭折蓋鮑鰒聲轉字隨音譌俗人不知遂書作鮑魚耳又鰒是鸁蛤之屬非魚族也自說文訓鰒爲海魚諸書皆仍之今從古

蛇

文選江賦云水母目蝦李善注引南越志曰海岸間頗有水母東海謂之蛇正白濛濛如沫生物有智識無耳目故不知避人常有蝦依隨之蝦見人則驚此物亦隨之而沒蛇音蜡余案蛇今海人名爲蜇蜇是俗作字又

因聲近譌轉也蜇讀如哲按香祖筆記十以鴟夷爲河豚樗蒲爲海蜇廣韻四十禡蛇音除駕切云水母也一名蟦形如羊胃無目以蝦爲目今驗蛇之形狀惟南越志說之極詳其物大者有如一間屋體如水沫結成海人採得之漬以礬下盡其水形如豬肪或蹙縮如羊胃人有貨致都中者用瓷器收之經年味不變褁之以醯啖之極脆可以案酒

八帶魚

文選江賦云蜛蝫森衰以垂翹李善注引南越志曰蜛蝫一頭尾有數條長二三尺左右有腳狀如蠶可食今

驗此物海人名蛸音梢春來者名桃花蛸頭如肉彈丸都無口目處其口目乃在腹下多足如革帶散垂故名之八帶魚腳下皆列圓釘有類蠶腳其力大者釘著船不能解脫也

昆布

爾雅釋草云綸似綸組似組東海有之太平御覽引吳普本草云綸布一名昆布陶隱居注云今惟出高麗繩把索之如卷麻作黃黑色柔韌可食又云今青苔紫菜皆似綸昆布亦似組恐即是也余案登州高麗壤境毗

連中間惟限以海今昆布出登州者糾結如繩索之狀
一如陶說也昆綸聲相近是昆布卽綸矣而海帶則組
也海帶者青色而長登州人取乾之柔韌可以束物入
亦啖之昆布舊以充貢海帶今以供饌二物皆消結核
能下水青苔者陟釐也形如亂髮可爲紙又一種狀如
龍鬚相糾結如亂繩亦可啖爾雅之組疑或指此也紫
菜者劉逵吳都賦注云生海水中正青附石生取乾之
則紫色臨海嘗獻之而李善江賦注乃云紫菜色紫狀
如鹿角菜而細其說非也紫菜乾之乃紫輕薄若紙沃

以沸湯細如斷繩陶云似綸蓋以此耳鹿角菜附石而
生形似鹿角與紫菜全別又不似綸組也又一種鳳頭
菜出海陽南門外地名老龍頭亦附石生拳屈而纖形
似蕨苗瀹以肉湯鮮美可啖彼人珍之謂之鳳頭勝於
龍鬚也又有海青菜碧青色薄如紙煮爛凝之如涼粉
縹色可觀切而啖之實以醯

郎君子

李珣海藥本草云郎君子生南海有雌雄狀似杏仁青
碧色欲驗眞假口內含熱放醋中雌雄相逐逡巡便合

即下卵如粟狀者眞也亦難得之物李時珍本草引顧玠海槎錄云相思子狀如螺中實如石大如豆藏篋笥積歲不壞若置醋中即盤旋不已此即郎君子也主治婦人難產手把之便生極驗余案此物今名相思石登州海瀕多有之小兒拾取供玩弄非難得也李珣所說得其情狀其云下卵如粟今亦未見也云主婦人難產其理未詳

蜌 依說文當爲陛又海蜌即淡菜一名東海夫人非此

爾雅釋魚云蜌螷郭注云今江東呼蚌長而狹者爲螷

說文云蠯陛也脩爲蠯圜爲蠇既夕禮云東方之饌有蠯醢鄭注云蠯蜯也本草經有馬刀名醫別錄云一名馬蛤陶隱居注引李當之云生江漢中長六七寸漢間人名爲單母母蘇頌圖經作姥亦食其肉肉似蚌今人多不識之大都似今蝏蜓而非余案蝏蜓疊韻之字即今蟶也蟶是俗作字海人呼蟶管蟶形圜長如竹管兩頭開闔粵人以水田種之謂之蟶田也馬刀即蜆也海人呼蜆子音顯形如剉草刀釋魚之蠯疑兼此二種

土肉

李善文選江賦注引臨海水土異物志曰土肉正黑如小兒臂大長五寸中有腹無口目有三十足炙食余案今登萊海中有物長尺許淺黃色純肉無骨混沌無口目有腸胃海人沒水底取之置烈日中濡柔如欲消盡瀹以鹽則定然味仍不鹹用炭灰醃之即堅韌而黑收乾之猶可長五六寸貨致遠方啖者珍之謂之海蔘蓋以其補益人與人蔘同也臨海志所說當即指此而云有三十足今驗海蔘乃無足而背上肉刺如釘自然成行列有二三十枚者臨海志欲指此爲足則非矣

石首魚

石首者腦中有白石子二枚瑩潔如玉廣雅云石首鯼也韋昭晉語注云石首成鯢（鯢音鴨）初學記三十引吳地志曰石首魚至秋化爲冠鳧冠鳧頭中猶有石也然則魚鳥同氣雉爲蜃雀爲蛤亦其類也魚大者二尺許小者尺許京師人名大者曰同羅魚小者曰黃花魚皆巨口弱骨細鱗鱗作黃金色海上人名爲黃姑魚又名白姑紅姑黑姑皆因色爲名耳

烏賊魚

烏賊或作鰞鰂鰂見說文鰞俗字也以其體黑故有此名或云烏烏所化又云浮水上卷取烏食之恐未然也廣韻二十五德引崔豹古今注云一名河伯度事小史今萊陽海中多有之其狀如算袋大觀本草引海人云昔秦王東遊棄算袋於海化為此魚兩帶極長墨猶在腹是其形狀也今驗其魚輭甲有肉口在腹下多足聚於口旁其體唯有一骨正白如雪觸之則散細碎如鹽其味亦鹹可入藥用所謂海螵蛸也其肉炙食之美一名墨魚以吐墨得名其墨有毒故大魚不敢啖之或曰

見大魚來卽噴墨相向瀰漫如雲霧大魚皆遠避矣

鯧魚

玉篇云鯧魚名不言其形今海人云小者爲鏡大者爲鯧其形似魴而圓如鏡而厚豐肉少骨骨又柔輭炙啖及蒸食甚美此魚古無傳者始見唐本草拾遺今萊陽卽墨海中多有之

沙魚

沙魚色黃如沙無鱗有甲長或數尺豐上殺下肉瘠而味薄殊不美也其腴乃在於鰭背上腹下皆有之名爲

魚翅貨者珍之淪以溫湯摘去其骨條條解散如燕菜而大燕菜俗名燕窩色若黃金光明條脫酒筵間以爲上肴

偏口魚

文選吳都賦云雙則比目片則王餘劉逵注云王餘魚其身半也俗云越王鱠魚未盡因以殘半棄水中爲魚遂無其一面故曰王餘今案王餘卽偏口也鱗細而白體薄如魴唯一面有鱗爲異其口偏在有鱗一邊極似比目魚但比目一目須兩片相合此魚兩目連生唯口偏一處耳又有一種黑鱗而大名曰呼偏長三四尺蒸

唊之美比目魚紫黑色狀如牛脾又如鞵底俗名鞵底魚爾雅釋地注以比目王餘爲一魚誤矣今王餘魚出登萊海中比目魚日照海中有之比目魚一名東鰈見紺珠集引鄭康成尚書中候注

刀魚箴魚

刀魚體長而狹薄銀色鮮明宛成霜刃腹下攢刺銛若鍵鋩案爾雅云鮤鱴刀郭以爲鮆魚說文刀魚九江有之今登萊人呼爲林刀魚林鮤一聲之轉是刀魚江海皆有海中者無鱗爲異耳箴魚俗名箴梁魚箴音鍼其形

細長骨體碧色全似公蠣蚝唯喙餘數寸穎出欲穿箴刀二魚皆鋭頭長頸箴魚獨以喙得名東山經云箴魚其喙如箴郭注出東海

海狗

即膃肭獸也其形前頭似狗後尾類魚亦似羊尾有脚而短淺毛而黑以腎爲珍詳見本草出登州海上唐時採以充貢與牛黄竝重謂此也海水冬温雖嚴寒不凍常以立春後十八日始氷海狗乳氷上獵人伺其乳以火器擊取之然溟渤層氷渾茫無際或時斷裂附壁懸

崖初日晶瑩不可逼視獵人以鐵釘施鞻底履冰騰躍馳逐如飛至於流澌凍解亦時遭陷沒焉

蝦

海中有蝦長尺許大如小兒臂漁者網得之俾兩兩而合日乾或腌漬貨之謂爲對蝦其細小者乾貨之日蝦米也案爾雅云鰝大蝦郭注蝦大者出海中長二三丈鬚長數尺今靑州呼蝦魚爲鰝北戶錄云海中大紅蝦長二丈餘頭可作杯鬚可作簪其肉可爲鱠甚美又云蝦鬚有一丈者堪拄杖北戶錄之說與爾雅合余聞榜

人言船行海中或見列桅如林橫碧若山舟子漁人動色攢眉相戒勿前碧乃蝦背桅即蝦鬚矣

薄蠃

淮南俶眞訓高誘注云蠃蠡薄蠃也以今所見海蠃有數種總名海薄蠃吳語云其民必移就蒲蠃於東海之濱蒲蠃即薄蠃也蒲薄二字古多通用韋昭不知蒲蠃乃一物反以蒲爲深蒲蠃爲蚌蛤之屬誤矣西山經郭璞注云蠃母即䗱螺也夏小正傳云蜃者蒲盧也蒲盧即蒲蠃䗱螺即薄蠃俱一聲之轉爾雅釋魚云蠃小者

蜬郭注螺大者如斗出日南漲海中可以爲酒杯然則爾雅舉小郭璞舉大廣異語也今登萊海上未見如斗之蠃而幺蜬無數名類實繁婉童倩女爭攜筠籃每伺潮退淺瀨深隈摭拾殆徧傍晚潮生虛往實歸矣或大如拳殼厚而嶙峋如蒺藜饒刺俗名招招子一種殼長名來憐子來憐亦蠃蠡之聲轉或俱名薄蠃子

寄居

薄蠃之異種也藝文類聚九十七引南州異物志云寄居之蟲如螺而有腳形如蜘蛛本無殼入空螺殼中戴

以行觸之縮足如螺閉戶也火炙之乃出走始知其寄居也又引異苑云鸚鵡螺常脫殼而遊朝出則有蟲類如蜘蛛入其殼中螺夕還則此蟲出庾闡所謂鸚鵡內遊寄居負殼者也今驗寄居形狀一如二書所說有自洋舶攜來者京師人謂之四不相兒童喜弄之其殼形色詭異大小差殊或圓白如錢瑩瀞可玩取置器中投以飯顆其蟲亦出啖之四不相者以其似蟹乃有首似蝦乃有脊似蠃乃有足似蜘蛛乃有殼也登州海中一種小而銳者俗名錐子把殼碧綠色層纍如浮圖其中

蟲宛如山蜘蛛與洋舶者同也

牡蠣

古本草經牡蠣居上品名牡之義蓋不可知陶隱居注以左顧是雄失之誣矣此物無首目口鼻何云左顧也今海人但名蠣不復言牡耳其殼附石而生與鰒魚又異殼作兩片其附石一片黏著不動凹凸陂陀隨石曲折磈礧相連倚疊如山聚族而居仍自隔別蘇頌圖經所謂蠣房者也每候潮來諸房皆啟潮還仍閉人欲取者鑿破其房以器承取其漿肉雖可食其漿調湯尤美

也南人呼其肉爲蠣黃以其殼燒灰泥牆所謂古賁灰也登州人食其肉棄其殼不解燒灰矣周禮所謂蜃灰乃燒蛤殼爲之若士所食蛤蜊亦蛤之肉耳非此也海上嚴冬鑿蠣沖沖貨者珍其槳以海水雜之眞味減矣其槳與肉皆青白色文登海中桑島出者清味絕異逺近珍之謂之桑蠣其殼不附石隨水漂泊名曰滾蠣說者謂地當河海之交蠣得河水之淡故其味獨清滎成者古成山地也其海中滾蠣大者如椀口然不及桑島者美

西施舌

爾雅云蜃小者珧郭注珧玉珧釋文引字書云玉珧肉不可食唯柱可食然則珧即江瑶柱也西施舌與之同類而無柱爲異又味美在肉謂之舌者有肉突出宛如人舌啖之柔脆以是爲珍其殼圓厚淡紫色可飾治器即墨海中有之（案香祖筆記十云西施舌海燕所化久復化爲燕）通州劉桐村錫信昔宰慈邑上官多屬意劉以導諛且妨民婉辭拒之歷城令以五十金屬其入貨致劉亦弗許也甯海所出狀類西施舌而大其名曰鴡肉微黃色又無舌清味

不逮遠矣以上十二條壬申冬所記此一條癸酉春補

𧍧

蚌之屬說文所謂蜃也殼圓而厚有文回旋如指頭文大者如酒杯作青白色其類亦有纖如指頂黃白雜文殼薄而光乃文𧍧之屬非此也𧍧一名蛤蜊肉甚清美熱酒銜啖風味尤佳宋盧陵王義眞車螯下酒宋書劉湛傳膳酒炙車螯珍可知矣大觀本草言車螯是大蛤一名蜄即此是也腹有小蟹螯足悉具狀如榆莢是蛤之精蛤在殼中不能取食當其飢虛蟹輒走出爲蛤覓食蟹飽則蛤

飽晨出暮還有肉如絲爲之牽係或猝遭風浪絲斷蟹殭蛤即頓仆郭璞江賦所謂璅蛣腹蟹當即指此而璅蛣非蛤恐同類異名耳北齊書徐之才傳有人患脚跟腫痛諸醫莫能識之才曰蛤精疾也由乘船入海垂脚水中疾者曰實曾如此之才爲剖得蛤子二大如榆莢卽是物也謂之精者知覺攸存至于文蛤之倫腹中無蟹

海浮石

石縹青色微帶土黄輕虚浮脃應手糜碎一拳之多不

盈半兩性味鹹淡堪入藥用書籍觚棱紙色煙塵大可揩摩新生滑瀞此石採取海波深處云是水沫凝結所成也劉逵吳都賦注浮石體虛輕浮在海中南海有之

燕兒魚

體長五六寸色黑如燕嚮長解飛不能赴遠浮游水面不過數武翩然而下如燕子投波也嚮與尾齊味酸不中啖海人去嚮啖之亦不美

鰵魚

鰵音慜玉篇魚名魚巨口細鱗大者長四尺許鱗肉純白漁人

或呼白米子米鱉聲轉耳作膾下湯及蒸煮皆可啖之此魚之美乃在於鰾玉篇毗眇切魚鰾可爲膠梓人制器黏綴合縫勝於用膠謂之魚鰾實此魚腹中之胦也

鰻鱺魚

似鱓而腹大如鰌而體長其色青黃善鑽泥淖能攻隄岸溝渠中亦喜生之俗人呼之泥裏鑽蓋鰻鱺之聲轉爲泥裏也海邊人呼海鱓非也陶隱居言能緣樹食藤花玉篇云其氣辟蠹魚而古語云君子不食鱺魚韓詩外傳

七 今驗此魚形狀可惡而能補虛勞稽神錄載有人多

得勞疾相因染死者數人取病者於棺中釘之棄於水永絕傳染之病流之於江金山有人異之引岸開視之見一女子猶活因取置漁舍多得鰻鱺魚食之病愈遂爲漁人之妻

青魚

青魚大者長尺許腹背鱗色俱青以是得名氷解春融海魚大上挂網之繁無慮千萬貨者賤之鹽藏蒸啖味亦非美或少腌曝乾炙啖頗佳次於柳葉也

柳葉魚

魚體似魴而狹長不盈五寸闊幾二寸厚半分許海人爲其輕薄形如柳葉因被此名矣腌藏而膊乾之可以餉遠炙啖甚佳萊州街市編爲四五草束而貨之有野素之風又有油魚小而短僅半前魚而厚欲過之出萊陽海中以饒肪得名炙啖尤美也並可案酒

冰魚

體狹而長可四寸許鱗細而白肌膚洞澈骨體瑩明望若鏤冰矣京師貨者來自衞河武定利津海邊諸水亦復饒之澤沍冰堅魚肥而美瀹湯下酒風味清新霜橙

雪薺未知孰爲尤勝耳兹魚近海方有故入海疏

銀魚

體白而狹長可六七寸許曝乾煠啖及瀹湯味清而腴不逮氷魚遠矣海人爲其纖而修長如切湯餅之狀謂之麪條魚余謂銀魚之名唯林刀魚庶幾無媿此即非倫今欲以意更之呼之玉筯焉

催生魚

碧青色纖長如筯體堅類骨鼻梁橫出殆長寸許目在鼻端漁者網得之云可催生未審作何法用按南越志

鱕魚鼻有橫骨如鐇海船逢之必斷吳都賦注鱕有橫骨在鼻前如斤斧形東人謂斧斤之斤爲鐇故謂之鱕然則鱕魚似鐇因有此名兹魚雖鼻有橫骨但大小迥異明非一魚也

離水爛

無名小魚也漁者爲細網海邊撩取之長數寸許圓體饒肪逡巡失水便致糜爛海人爲難於收藏腌以爲醬鮮美可啖經典所稱魚醢當指此而言凡蟹蝦八帶魚皆可作醬又有魚子醬海豚鮐鰍偏口魟鮥其子俱可

作之烏賊魚卵片片解散以酒柔之亦可下湯竝方土之貢珍盤肴之佳味也但野人率素不解調和鮭鹹未除烹庖無術若腌以糟醪調以薑桂登之食筵薦諸賓饌雖古鯤醬卵醢方之蔑如矣

鯽魚

形似紅姑青黑色長三尺許有印方長在魚顛頂文理縱横畧如繆篆頭顱堅鞕（俗作硬）大魚被觸靡不殭斃船艇著處亦爲鏬漏吳都賦注謂印在身中又引扶南俗云諸大魚欲死鯽魚皆先封之恐是虛誣耳此魚福山

海中有之亦不多見余聞之婦弟王鎮翰殿邦云

馬䲧魚

福山海中饒之形狀寬狹全似障泥作紫紺色一面有鱗蓋王餘之類而厚大倍之肉極腴美不減鏡鯧貨者珍之一種牛舌頭魚略似馬䲧而上博下殺首尾渾圓不似馬䲧首帶方形也亦一面有鱗唯目殊小魚重二斤者其目才如綠豆腹下四邊俱淡紅色中央微白爲異

麼子魚

圓體細鱗爲色純黃長或尺許自上而下漸以銳小甚似椽杙之形海人謂爲龍王槊子肉亦可啖

黃鱝魚

形體渾圓有長八九尺者肥亦中啖頭略似鱝俗作鯽餘不類也而海人以鱝呼之余不謂然或鱝當作脊然是魚鱗鰭俱黃不獨脊上爲然

絲黃魚

形狀略似𩼰魚而頭不扁目亦黃色又有紫色者實一種魚也福山海中四時恆有釣艇所得佳饒此味

海鱓魚

體圓青色略似河鱓銳頭大口利齒如鋸兩邊絕無乃在中央一道鋒鋩直入咽喉亘魚遭之迎刃立斷肉雖腴美骨束纖長須防作鯁海人食餺飥碎切爲餡雜入蘿蔔數片旋即簡去骨束盡出矣魚大者長四五尺闊可尺許爲性悍猛釣者憚之呼之狠牙魚或曰海狠

海盤纏

大者如扇中央圓平旁作五齒歧出每齒腹下皆作深溝齒旁有鬚水蟲幺麼誤入其溝便乃五齒反張合并

其鬐夾取吞之然都不見口目處釣竿所得餌懸腹下蓋骨作四片開卽取食闔仍無縫也旣乏腸胃純骨無肉背深藍色雜以赬點腹下純紅其小者腹背皆紅狀旣詭異莫知所用乃至命名亦復匪夷所思將古海貝之屬其類非一及其用之皆爲貨賄故雅擅斯名歟

蝦蟆魚

魚形全似蝦蟆唯尾長尺許皮色青黄不作鱗鱗細鱗如釘子之形然亦濡輭手捫之如蝦蟆皺也福山海中嘗有舉網得之者初不敢啖投之沙磧人或收而煑啖

之風味甚佳淸美如蟹乃知水陸所生形多肖似海驢海牛人有見者即作牛驢之形洪鈞陶冶亦有依循釋典輪迴乃成虛妄衆生代謝譬彼樹花若謂來世之因必資見身之果然則芒芒造化甯當作印版文章邪

海腸

形如蚯蚓而大長可尺許土色微紅一頭肉束有類鬚然蓋其首也穴於深海之底沙中作孔如蛣蜣所居約入沙二尺許頭在穴口幺蟲經過吸取吞之其遺矢處亦作細孔人不見也腸細如綫可長丈許夜閒出穴覓

食腸蒂御繫穴口比曉仍還或遭風浪漂斷游腸棲泊岸邊爲人所得矣破視其腹血色殷然海人亦喜啖之或去其血陰乾其皮臨食以溫水漬之細切下湯味亦中啖海蛆者巨如鴟卵尾如鼠尾腹盡淄泥釣竿爲餌以致嘉鯕饒有所得其物難煑不中啖也

海帶

海中諸草可啖者多唯此不爾土人因其形似目爲帶云葉如麥冬而長產於海底高可隱人其根如茅而節間稍短咀之甜脆爲草藩庶海人沒水撩取堆積如山

本青綠色曝乾即黑經霜又白捆載而歸寒鄉苫屋勝於覆茅既免火災又能經久雖歷夏秋霖終無腐敗亦奇物也海邊村落彌望皎然就近覓尋乃有人家居然白屋矣

海糞

江河水下浮苴漂木東流到海潮汐浪淘碎爲糞壤北土寒冬家有火炕輦糞熏烘可代薪燎其火無燄微釀清煙而不觸鼻卻可熏蠶兼無火患也

記海錯一卷

孫男聯茹蒸薇芬校字

清道光侯登岸《掖乘·海产》辑注

鲫鱼[1]。陆佃《埤雅》[2]曰，鲫鱼，肉厚而美，性不食钓[3]。一名鲋鱼，形亦似鲤，色黑而体促[4]，腹大而脊隆[5]。所在池泽[6]皆有之。岸[7]案《玉篇》，鲭、鲼、鲫三字同。今掖海鲫鱼，取以春秋，然春时形瘦而味薄[8]，不如秋时肥而味美也。《本草》云“大者至三、四斤”。掖海中所出之鲫，不过六七寸，无甚大者，又濠[9]中亦有鲫鱼。

注释

[1] 鲫鱼：指海鲫，俗名九九鱼，属鲈形目海鲫科，为近海栖息鱼类，黄海海域多产。

[2]《埤雅》：宋神宗时尚书左丞陆佃所著。陆佃，字农师，越州山阴人，著有《尔雅新义》20卷。《埤雅》也是20卷，专门解释名物，是《尔雅》的补充，所以称为《埤雅》。书中始于释鱼，继之以释兽、释鸟、释虫、释马、释木、释草，最后是释天。书前有宣和七年(1125)其子陆宰序，明人郎奎金曾集《尔雅》《小尔雅》《逸雅》《广雅》《埤雅》为《五雅》。

[3] 食钓：吃钩上的鱼饵。钓：钓钩。

[4] 体促：身体小而狭窄。

[5] 脊隆：鱼脊凸起。

[6] 池泽：池沼湖泽。

[7] 岸：《掖乘》作者侯登岸。侯登岸，字穆止，号瘦鹤，掖县(今山东莱州南关)人。清嘉庆道光年间(1796-1850)东莱著名文士、地理学家。终身未仕，著有《掖乘》16卷、《海岱人物志》36卷等大量人文地理传记典籍著作传世。

[8] 味薄：味道不浓。

[9] 濠：护城河。

镜鱼[1]。圆形如镜，故名。色黄无鳞，长可五六寸，秋月有之。

注释

[1] 镜鱼：属鲈形目鲳科，近海中下层鱼类，以小鱼、水母、硅藻为食。

鲳鱼。形似镜鱼而大。《本草纲目》陈藏器曰："鲳鱼，身正圆，无硬骨。"

鲻鱼。《格致镜原》[1]引《雨航杂录》[2]曰，"鲻鱼似鲤，生浅海中。专食泥，身圆口小，骨软肉细。"又引《物产志》曰，"鲻鱼性慧[3]，不入网罟[4]。海人以长网围之，俟[5]潮退取之。肉厚，味绝美，凡海中鱼多以大食小，惟鲻鱼不食其类。"鲻，一作鰦，一作鯔。李时珍《本草纲目》曰："色鲻黑[6]，故名。粤人讹为'子鱼[7]'。生东海，状如青鱼，长者尺余，其子满腹，有黄脂，味美，獭[8]喜食之。吴越[9]人以为佳品，腌为鲞脂。"案：诸说与今掖海之鲻鱼相类。闻此鱼甚难取，既入网罟，或能出焉。则性慧之说，亦近掖海所出，长者可二尺许。取以秋末冬初之间，最肥美，春夏亦有，然不如秋冬。

注释

[1]《格致镜原》：清代陈元龙所编撰的类书，广记一般博物之属。共100卷，分乾象、坤舆等30类，类下分目，共886目，汇辑古籍中有关博物和工艺的记载，包括天文、地理、建筑、器用、动植物等。"采撷极博"，体例井然，为研究中国古代科学技术和文化史的重要参考书。

[2]《雨航杂录》：二卷，明冯时可撰。冯时可有《左氏释》，已著录。是书上卷多论学、论文，下卷多记物产，而间涉杂事。

[3] 性慧：心思灵巧聪慧。

[4] 网罟：捕鱼及捕鸟兽的工具。

[5] 俟：等待；等候。

[6] 鲻黑：黑色。"鲻"通"缁"。

[7] 子鱼：浙江沿海一带对鲻鱼的称呼。

[8] 獭：水栖的食鱼鼬科动物的一种。《说文解字》："獭，如小狗，水居食鱼。从犬，赖声。"

[9] 吴越：中国江浙地区的借代词，包指今江苏南部、上海、浙江、安徽南部、江西东北部一带的地区。

梭鱼[1]。圆身而长，青白色，大者尺余。春月，冻初开，乘时[2]取之，号“开凌梭”，最鲜美。冬初亦有，然不如春。案：梭鱼，不载《本草》，《山海经》西海中姑射山[3]有梭鱼。人面，人手，鱼身。见则风涛起，固非今之梭鱼矣。而掖地梭鱼实为海鱼上品。

注释

[1] 梭鱼：即油魣，俗称香梭，属鲈形目魣科。梭鱼为凶猛肉食性鱼类，主要摄食乌贼、鹰爪虾、赤虾等，黄渤海产量较高，有一定经济价值。

[2] 乘时：乘机，趁势。

[3] 姑射山：南姑射山是传说中的山名，出自中国古典名著《山海经》。据《山海经》之《山经》卷四《东山经》记载，南姑射山在北姑射山以南300里，碧山以北300里。

鱓鱼。《本草纲目》云：“生水岸泥窟中，腹黄，故名黄鱓。一名黄䱇，形似蛇而无鳞，黄质[1]黑章[2]，体多涎沫[3]。”韩保升[4]曰：“有青、黄二色。”案，今掖地水岸多有，人或掘取之。有一种白鱓，形似黄鱓而色白，味比黄鱓为美。《本草纲目》载：“鱓鱼止青黄二色。”不言白色，盖有所未备。鱓，或作鳝，《玉篇》：“䱇、鳝二字同，鱼似蛇也。”则字当作鱓。《说文》云：“鱼名，皮可为鼓。”似别一种。

注释

[1] 质：质地，底子。

[2] 章：花纹。

[3] 涎沫：本意口水，此处指黏沫。

[4] 韩保升：古代医家名，后蜀时期人，生平籍贯史书无载。后蜀后主孟昶在位时(934—965)，他任翰林学士，曾奉诏主修《本草》。他与诸医详察药品形态，精究药物功效，以《新修本草》为蓝本，参考了多种本草文献，进行参校、增补、注释、修订工作，编成《蜀重广英公本草》，简称《蜀本草》，共20卷，附有《图经》，由孟昶作序，刊行于世。

鱥鱼。尖嘴，圆身而微扁，脊青黑色，无鳞。大者长可三四尺，阔四五寸。初夏时取之，其子以盐浸之，晒干，煮而食之最美。其体亦多作腊[1]，煮食或蒸食。

有首，上作印字形者，号“印魬鱼”。县志作“鲃鱼”。案，鲃，音把，海鱼名，当以此字为是。

注释

[1] 腊：干肉。

豸鱼[1]。青色，长可三四尺，身微扁，而口常开，有豸[1]形，故名。秋冬之交取之，骨多肉少，最不为佳。又一种小者，形相似而小，身有黑斑，号“花豸”，其出较早。《齐乘》[2]云，“齐人不识鲈，目为[3]豸鱼。”

注释

[1] 豸鱼：即花鲈，也称寨化鱼，花寨，俗称鲈鲛。属鲈形目花鲈科，肉质白嫩、清香，没有腥味，肉为蒜瓣形，最宜清蒸、红烧或炖汤。豸：古书上指没有脚的虫子，体多长。

[2]《齐乘》：元代著名学者于钦编纂的志书，是山东现存最早的方志。《齐乘》的留存不仅为研究山东历史特别是宋元时期的山东历史提供了丰富的史料，而且其编纂以“辞约而事核”著称，在当时方志中亦极有特色。

[3] 目为：看作。

展光鱼。身细长而扁，尖嘴，青脊，白腹，细鳞，长可尺许，阔寸余。暑月[1]方有。掖地暑月鱼甚少，惟此鱼宜食[2]。然于书无考，岂以腹有白光，逐[3]号“展光”欤？

注释

[1] 暑月：夏月。

[2] 宜食：可食，适合食用。

[3] 逐：跟随，因此。

鳎鰈鱼[1]。平身，上宽下尖，其尖处即为尾。细鳞，周围有小鬣[2]，紫黑色，腹红白色。口在旁，如偏口[3]形，两小目在中。长可尺余，宽五六寸。春月有，至秋不断，而春不如秋之香美。土人有“春花秋鳎[4]”之语。谓“春花鱼”“秋鳎鰈”也。此鱼，书传[5]无考，《县志》作“鳎鰈”。案，《正字通》[6]：“鳎，音塔，薄鱼踏土而行者，今谓之“鳎鳗”“鳎魶”，异音[7]，其类则一。”鳎即今福州铜盆鱼。鰈，音米，鱼子别名，像其形如米粒，今以“鳎鰈”二字，合为鱼名，未免于凑[8]。然既无所考，又未知名之取义[9]何在，故从旧书之，俟有识者[10]更正焉。司马相如《上林赋》[11]：“禺禺魼鳎。”注：“鳎，鲵也，似鲇，有四足，声如婴儿。”与此鱼不类[12]。

注释

[1] 鳎鰈鱼：属鲽形目舌鳎科，有宽体舌鳎、半滑舌鳎、短吻红舌鳎、长吻红舌鳎等多种，又名牛舌鱼，黄渤海较为常见。

[2] 鬣：某些动物颈上生长的又长又密的毛。

[3] 偏口：比目鱼，是硬骨鱼纲鲽形目鱼类的总称，包括鳒科、鲆科、鲽科、鳎科、舌鳎科鱼类。偏口鱼身体扁平，成长中两眼逐渐移到头部的一侧，平卧在海底。

[4] 春花秋鳎：春天吃圆斑星鲽，秋天食半滑舌鳎，比喻不同时间的海鲜美食。

[5] 书传：著作，典籍；有关《尚书》经义的传述解释。

[6]《正字通》：一部按汉字形体分部编排的字书，共 12 卷。明代崇祯末年国子监生张自烈撰。张自烈，字尔公，号芑山，江西宜春人。所分部首与梅膺祚《字汇》相同，凡 214 部。部首次序和每部之内的字次都按笔画多少来排，这也跟《字汇》一样，但是《字汇》注释比较简单，而《正字通》复杂得多。

[7] 异音：不同的读音。

[8] 凑：拼凑。

[9] 取义：取其含义。

[10] 有识者：有见识之人。

[11]《上林赋》：西汉辞赋家司马相如创作的一篇赋，是《子虚赋》的姊妹篇。此赋先写子虚、乌有二人之论不确来引出天子上林之事，再依次夸饰天子上林苑中的水势、水产、草木、走兽、台观、树木、猿类之胜，然后写天子猎余庆功，最后写天子悔过反思。全赋规模宏大，词汇丰富，描绘尽致，渲染淋漓。

[12] 类：相似。

嘉鲯鱼。扁身，红鳞，宽腹，大首。大者可二尺，宽可七八寸。嘉，俗作鲄。案，《字书》无鲄字。《文昌杂录》[1]曰："礼部王员外[2]言登州有嘉鲯鱼，皮厚于羊，味胜鲈鳜[3]，至春乃盛，他处则无。"《说文》："鲯，鱼名。"又鲑字，注云："鲑鲯鱼，出东莱。"《玉篇》作"鲑鲯鱼"，当作此鱼。后人作"嘉鲯"耳，俗又呼"大头鱼"。立夏时取之最多。又有一种黑鳞者，不多有，其出比红鳞较早，其子可为鲊[4]，其眼味最美，今此鱼登州最盛。《文昌杂录》所云不虚也。

韩梦周[5]《海错竹枝辞》："海边春日出芙蓉（岛名），鱼网沉波映日红。无数嘉鲯齐上市，不教鲈鳜胜江东。"

注释

[1]《文昌杂录》：宋庞元英所撰。庞元英，字懋贤，单州人，丞相庞籍之子，官朝散大夫。宋神宗元丰五年(1082)，宋元英官主客郎中，在省4年。时官制初行，所记一时闻见，朝章典故为多。尚书省又称文昌天府，故以名书。

[2] 礼部王员外：王子韶，字圣美，太原人。中进士第，以年未冠守选，复游太学，久之乃得调。历任上元县知县、湖南转运判官。后御史张商英劾其不葬父母，贬高邮知县。由司农丞提举两浙常平。入对，神宗与论字学，留为资善堂修定《说文》官。官制行，为礼部员外郎，以入省后期，改库部。元祐中，历吏部郎中、卫尉少卿，迁太常谏官。后出任沧州知府、又出知济州知府，复以太常少卿召，进秘书监，拜集贤殿修撰、明州知州，卒。

[3] 鲈鳜：鲈鱼和鳜鱼。

[4] 鲊：盐腌的鱼。

[5] 韩梦周(1729—1798)：字公复，号理堂，清中期进士，潍县东关（今山东潍坊奎文区）人。清代中期山东著名的"宋学"学者，也是潍县古文派的主要人物。他学宗程朱，法守陆陇其的"居敬穷理"。先后讲学27年，对潍县学者的影响很大。著有《周易解》《中庸解》《大学解》《阴符经解》《理堂文集》《理堂诗集》《理堂日记》《山禾集尺牍》《圩田图三记》《养蚕成法》《文法摘抄》。

黄姑鱼[1]。扁身，细鳞，微带黄色，长可盈尺，阔可三四寸。四五月取之，秋间亦有，其味较厚于夏时。《本草纲目》有"黄鲴鱼"云，鱼肠肥曰鲴，此鱼肠、腹多脂，渔人炼取黄油燃灯，甚腥也。南人讹为'黄姑'，北人讹为'黄骨鱼'。又曰："生江湖中，小鱼也，状似白鱼，而头尾不昂[2]，扁身，细鳞，白色，阔不逾寸，长不近尺。”案，所云与掖海所产亦不合。祝枝山《野记》[3]载，“海味有黄鲇，《字书》无此字。”

韩梦周《海错竹枝辞》：八月秋风吹菰芦[4]，芦边哑哑[5]鸣野凫[6]。白水湾头天气好，此日黄姑正下厨。

注释

[1] 黄姑鱼：属鲈形目石首鱼科黄姑鱼属，俗名黄姑子、铜罗鱼。为近海中下层鱼类，有明显的季节洄游，中国沿海均产。

[2] 昂：高，升高。

[3]《野记》：明代祝允明撰写的一部书籍，共4卷。祝允明(1461—1527)，字希哲，长洲(今江苏苏州吴中区)人，因长相奇特，而自嘲丑陋，又因右手有枝生手指，故自号枝山，世人称为“祝京兆”，明代著名书法家。与唐寅、文徵明、徐祯卿并称“吴中四才子”。

[4] 菰芦：菰和芦苇，借指隐者所居之处。

[5] 哑哑：象声词，禽鸟鸣声。

[6] 野凫：野鸭。

白姑鱼[1]。形似黄姑而小，色白，初夏取之。

注释

[1] 白姑鱼：属鲈形目石首鱼科，俗名白姑子、白米鱼、白果子。为近海中下层鱼类，散栖于水深40～100米的泥沙底海区，是重要食用底层海鱼之一，产量甚大。

骨董鱼[1]。尖嘴，身圆而细长，阔仅逾[2]指。大者长可尺许，春秋皆有。郭璞《江赋》“鲭鰊鰺鲉”注引《山海经》：“鲭鱼，乌翼。”又旧说曰：“鰊，似鲍。”案，《尔雅·释鱼》：“鲍，小鱼，则鲭、鰊乃二鱼名。”《字书》：“鰊鱼似鲤”，则亦与此不类。县志作“鲴鰊”，亦不免于凑，故从“骨董”。

注释

[1] 骨董鱼：即日本针鱼，属颌针鱼目针科，俗名单针鱼，针扎鱼。为浅海中小型鱼类，分布于朝鲜、日本及中国，中国见于黄海、渤海和黄河下游。
[2] 逾：超过，越过。

柳叶鱼。扁身而薄，白色。大者不过三四寸，阔寸许。形似柳叶，故名。以盐浸之作腊，爊[1]火熟而食之，亦佳，春秋皆有。《本草纲目》有“鲦鱼”，李时珍曰：“生江湖中，小鱼也。长仅数寸，形狭而扁，状如柳叶，鳞细而整，洁白可爱，性好群游。荀子曰：‘鲦，浮阳之鱼也。最宜鲊菹[2]’。”案，所云与此鱼颇[3]相类。

注释

[1] 爊：烘烤。
[2] 鲊菹：也作“鲊菹”，鱼酱。
[3] 颇：很，相当。

鲈鱼[1]。《本草纲目》李时珍曰：“鲈鱼，四五月方出，长仅数寸，状微似鳜而色白，有黑点，巨口，细鳞，有四腮。”《格致镜原》引《华夷鸟兽考》[2]：“海中有四腮鲈，皮紧脆而肉厚，呼曰‘脆鲈’。有江鲈，差[3]小而两腮，味淡。”案，今掖海间亦有之，然不恒见。

注释

[1] 鲈鱼：属鲈形目，生活在近海或淡水中，喜栖息在河口咸淡水处，是大型经济鱼类之一，山东沿海和通海江河均有分布。
[2]《华夷鸟兽考》：全称《华夷花木鸟兽珍玩考》，全 10 卷。明慎懋官撰。懋官字汝学，湖州人。是书凡花木考 6 卷，鸟兽考 1 卷，珍玩考 1 卷，续考 2 卷。
[3] 差：稍微，比较。

燕鱼。形似鲤鱼而小，傍有两翅如燕形，故名。能掠水而飞，一名飞鱼。夏月有之，食者少。《太平广记》引《酉阳杂俎》[1]云，“飞鱼，朗山朗水[2]有之。鱼长一尺，能飞即凌云空，息即归潭底。”案，未必是此鱼。

注释

[1]《酉阳杂俎》：唐代段成式创作的笔记小说集。该作品有前卷 20 卷，续集 10 卷。所记有仙佛鬼怪、人事以至动物、植物、酒食、寺庙等，分类编录，一部分内容属志怪传奇类，另一部分记载各地珍异之物，与晋张华《博物志》类似。

[2] 朗山朗水：朗山，今贵州绥阳县城西 12.5 千米。朗水，清乾隆《绥阳志》载："又名螺水，源出朗山等处"，也就是今天洛安江上游一带。

箴梁鱼。尖嘴，长身，略扁。阔一二寸，长可三四尺。脊青色，绿骨，肉中多刺。初夏取之，此鱼一出，则渔人事毕，俗号"净海龙"。《山海经》："涢水出掏状山，其中多箴鱼，其状如鲦，其喙[1]如箴[2]。"或即此鱼。

注释

[1] 喙：嘴。

[2] 箴：同"针"。

狮婆鱼[1]。尖首，宽身，傍[2]有两尖。青黑色，无鳞，脆骨。尾细，长如带，有三尾者，有一尾者。三尾者为雄，一尾者为雌。雌最肥大，腹中有子，如鸡子大，形似"命"字，或号为"命鱼"。二月取之。县志作"地青鱼"，谓俗名"狮婆"。案，《格致镜原》引《宁波府志》："地青鱼，尾有刺，甚长，逢物即拨[3]之，毒能中人。色白者曰'地白'，与魟鱼[4]相类。又名邵阳鱼、鼠尾鱼。"其载魟鱼，谓其状如蝙蝠，与今狮婆亦似，然未能确也。故仍作"狮婆"。

注释

[1] 狮婆鱼：孙鳐之别称。

[2] 傍：同"旁"，旁边，侧。

[3] 拨：碰撞，撞击。

[4] 魟鱼：属鲼形目魟科，尾端有一根包含剧毒的芒刺。鱼眼甚大而略凸起，眼间距很宽。鱼眼后是很大的鳃孔。鱼口位于腹面。

八带鱼。圆首，光滑如鸡子形而肉软，中有子。下有八足如带，眼在足中。

四月取之，皆煮熟市卖[1]，可作鲊。《山海经》："谯水出谯明山，多何罗鱼，一首十身。"吴任臣[2]注引杨慎《补注》[3]云："何罗鱼，今八带鱼"。

注释

[1] 市卖：交易；销售。

[2] 吴任臣（？—1689）：兴化府平海卫（今福建莆田）人，清代文学家、史学家、藏书家。本名吴志伊，字任臣。曾担任《明史》纂修官。吴任臣取家藏图书，搜唐代后诸霸国事为《十国春秋》114卷，并著有《周礼大义》《字汇补》《春秋正朔考辨》《礼通》《托园诗文集》，另有《山海经广注》。

[3] 杨慎《补注》：杨慎所著的《山海经补注》。杨慎（1488—1559），字用修，号升庵，明代文学家，明代三大才子之首。后因流放滇南，故自称博南山人、金马碧鸡老兵。杨廷和之子，四川新都（今四川成都新都区）人，祖籍庐陵。终明一世记诵之博，著述之富，慎可推为第一。其诗虽不专主盛唐，仍有拟右倾向。贬谪以后，特多感愤。又能文、词及散曲，论古考证之作范围颇广，著作达百余种。后人辑为《升庵集》。

偏口鱼。平身，白腹，紫黑色，细鳞。口偏在傍，故名。一目在中，一目在边不全。长可二尺许，可作腊，蒸食。三月取之，或云即比目鱼，俗名"偏口"。案，郭璞《尔雅注》云："比目鱼，状似牛脾及女人鞋底。细鳞，紫黑色，一目，两片相合，乃得行，其合处半边平。无鳞，口近腹下。"所云与今偏口略似。又《格致镜原》引《岭表录异》[1]："比目鱼，淮江谓之拖沙鱼。今之偏口鱼，市卖者身皆带沙，缘此鱼多涎善粘，掷于沙岸，故身带沙。"则谓比目鱼，即今之偏口，亦近，然未能确也。"偏"，府志作"鳊"，非也。"鳊"乃别一鱼名。

注释

[1]《岭表录异》：地理杂记，全书共3卷，唐刘恂撰。此书与《北户录》同系记述岭南异物异事，也是了解唐代岭南道物产、民情的有用文献。其中记载最多的是岭南人的食物，尤其是各种鱼虾、海蟹、蚌蛤的形状、滋味和烹制方法，岭南人喜食的各类水果、禽虫也有记述。是研究唐代岭南地区少数民族经济、文化的重要资料。

羊鱼[1]。形如狮婆而略长，腹下有针，能伤人。渔人得之，必去其针，味带膻气，或以此名“羊鱼”也。食者甚少。

注释

[1] 羊鱼：即光魟，也称黄鲼、土鱼、滑子鱼，属鲼形目魟科，产于东海、黄海中。

花鱼[1]。形似偏口，腹上有黑花纹，故名。出比偏口稍早，其肉较细美。

注释

[1] 花鱼：即圆斑星鲽，俗称花鱼，花片，属鲽形目鲽科，为冷温性底层鱼类，以虾、蟹、鱼类、贝类和多毛类等为食。肉质好，个头较大，产于东海、黄海和渤海。

河豚鱼。《本草纲目》一名鯸鮧，一作鯸鲐，一名鲵鱼，一作鲑，一名嗔鱼，一名吹肚鱼，一名气包鱼。陈藏器曰：“腹白，背有赤道[1]如印，目能开合，触物即嗔怒，腹胀如气球，浮起，故人以物撩而取之。”李时珍曰：“豚鱼，其味美也。鯸鮧，状其形丑也。鲵，谓其体圆也。吹肚、气包，像其嗔胀[2]也。《北山经》[3]名‘鲱鱼’，音沛。”又曰：“状如科斗[4]，大者尺余。背色青白，有黄缕[5]。又无鳞，无腮无胆，腹下白而不光。”所云与今掖海所出相类。《演繁露》[6]云：“《类篇·鱼部》引《博雅》[7]云：‘鯸鮔，鲀也。背青，腹白，触物即怒。其肝杀人。’正今人名为河豚者也。然则‘豚’当为‘鲀’。”岸案，河豚，书传所载能杀人，然掖人每岁食者甚众，近岁[8]，闻有因食此而毒死者，则所传不妄，盖因肝血未能去尽故也。今人皆割去肝肠，然后市卖。土人呼为“挺拔鱼”，初夏取之。

韩梦周《海错竹枝辞》：“莱子城边沙作堆，渔舟如叶傍沙隈[9]。芦芽一尺桃花落，不见河豚上市来。”

（原注，齐中亦有河豚，但无买食者，按今殊不然。）

注释

[1] 赤道：红色条纹。

[2] 嗔胀：发怒而体胀大。

[3]《北山经》:即《山海经·北山经》。共记载了三个山系,在诸山经里比较少有神话色彩。尽管其中的奇珍异兽颇多,但是神话资源总体有限。这是《北山经》的重要特点。

[4] 科斗:蝌蚪。

[5] 黄缕:黄色条纹。

[6]《演繁露》:全书共16卷,后有《续演繁露》6卷,又称为《程氏演繁录》,都是由宋代程大昌所著。全书以格物致知为宗旨,记载了三代至宋朝的杂事488项。《四库全书总目提要》云:"案,绍兴中,《春秋繁露》初出,其本不完。大昌证以《通典》所引剑之在左诸条,《太平御览》所引禾实于野诸条,辨其为伪。谓董仲舒原书必句用一物以发己意,乃自为一编拟之,而名之以《演繁露》。"

[7]《博雅》:《广雅》,相当于《尔雅》的续篇。《广雅》是仿照《尔雅》体裁编纂的一部训诂学汇编,篇目也分为19类,各篇的名称、顺序,说解的方式,以致全书的体例,都和《尔雅》相同,甚至有些条目的顺序也与《尔雅》相同。作者是三国时清河(今属河北)人张揖。

[8] 近岁:近年。

[9] 隈:水流弯曲处。

青鱼。似鲫鱼而较狭薄[1],白色,脊青色,仲春[2]取之。《本草纲目》李时珍曰:"'青',亦作'鲭',以色名[3]也。大者如鳢鱼,南人多以作鲊,古人所谓'五侯鲭',即此。"案,所云与今之青鱼,恐亦不类。青鱼,掖海旧无之,皆自登州运来,今则甚多矣。

韩梦周《海错竹枝辞》:"青鱼细细照冰盘,谷雨初过乍破寒。好是估船[4]三月到,翠鳞[5]擎出自三韩[6]。"

注释

[1] 狭薄:窄而不厚。

[2] 仲春:即春季的第二个月,即农历二月。因处春季之中,故称仲春。

[3] 名:取名,命名。

[4] 估船:商船。

[5] 翠鳞:翠色的鳞片,代指鱼。

[6] 三韩：汉时朝鲜南部有马韩、辰韩、弁辰（三国时亦称弁韩），合称三韩。

何罗鱼。一名鲞鱼。扁身，弱骨[1]，细鳞，白色，青脊，尾鬣[2]带黄色。长可尺余，阔可四五寸。案，《本草纲目》，有石首鱼，一名石头鱼，一名鯼鱼，一名江鱼，一名黄花鱼。干者名鲞鱼。李时珍曰："鲞能养人，人恒想之，故字从养。"罗愿[3]曰："诸鱼烘干皆为鲞，其美不及石首，故独得专称。以白者为佳，故呼'白鲞'。若露风[4]则变红色，失味[5]也。是鲞但就干者，言非通名鲞也。"《格致镜原》引《吴地记》："阖卢[6]十年，东夷侵，吴王入海逐之。据沙洲上，相守月余，属时风涛，粮不得渡，王焚香祷之，言讫[7]，东风大震，水上见金色逼海而来，绕吴王沙洲百匝[8]。所司[9]捞漉[10]得鱼，食之美，三军踊跃。夷人一鱼不获，遂送降款[11]。吴王得鱼，腹、肠、肚以咸水淹之，送与夷人，因号'逐夷'。吴王归，思海中所食鱼，问所余。所司云：'并曝干。'王索之，其味美，因书美下着鱼，是为'鮝'字。今从'鲞'，非也。"又曰："鱼出海中，作金色，不知其名。吴王见脑中有骨，如白石，号为'石首鱼'。"或曰，此鱼能鸣，或曰腹中之鳔可作胶，与所谓脑中有骨如石，皆未经体验。而今之何罗鱼，皆呼"鲞鱼"。《本草》言，石首鱼，形似白鱼。其言白鱼云，形窄，腹扁，鳞细，肉中有刺。其云与今之何罗亦似。《香祖笔记》曰："《山海经》：何罗鱼，出谯明山谯水中，声如吠犬，食之已痈[12]。"今登、莱海上三月，何罗鱼始至，味甚美，即宁波之"鲞"也。

注释

[1] 弱骨：柔细的骨骼。

[2] 尾鬣：马尾与马鬃，代指鱼的尾和鳍。

[3] 罗愿（1136—1184）：字端良，号存斋，徽州歙县呈坎人。南宋大臣。南宋吏部尚书、龙图阁学士罗汝楫第五子。荫补承务郎，历任鄱阳知县、赣州通判、鄂州知事等，卒于任上，人称罗鄂州。其人博学好，长于考证，文章精练淳雅，有秦汉古文之风，曾为朱熹称重。罗愿所撰《新安志》10卷，成书于宋淳熙二年（1175），是全国现存33种宋代志书之一，是安徽仅存的一部宋代志书。该体例完备，章法严密，舍取并合随主旨而定，尤详物产，并提出编纂方志要注重民生，为后世学者重视，是方志史上享有盛誉的名志。

[4] 露风：秋风。露：白露。

[5] 失味：原有味道尽失。

[6] 阖卢：吴王阖卢（前547年—前496年），一作阖闾、阖庐，姬姓，名光，吴王诸

樊之子，春秋末期吴国君主，军事统帅。吴王阖闾元年（前 514 年）到吴王阖闾十九年（前 496 年）在位。

[7] 讫：完结。

[8] 匝：圈。

[9] 所司：有司，指主管的官吏。

[10] 捞漉：亦作“捞摝”，水中探物。

[11] 降款：降书。

[12] 已痈：治疗脓疮。已：治愈。

银刀鱼。一名鲚（音剂）鱼，一名鮆（音剂）鱼，一名鮤（音列）鱼，一名鱴（音蔑）鱼，一名魛（音刀）鱼，一名鱛（音遭）鱼，一名望鱼。《本草纲目》李时珍曰：“鱼形如剂[1]物、裂篾[2]之刀，故有诸名。《魏武食制》谓之望鱼。常以三月始出，状狭而长，薄如削木片，亦如长薄尖刀形。细鳞，白色，吻[3]上有二硬须，腮下有长鬣如麦芒，腹下有硬角刺，快利[4]若刀。腹后近尾有短鬣。肉中多细刺，煎炙或作鲊鳙[5]食皆美，烹煮不如。”《尔雅》：“鮤，鱴刀，注今之鮆鱼也。亦呼为魛鱼。”《格致镜原》引《雨航杂录》：“鮆鱼，即刀鱼，一名魮，腹背似刀，又名‘鯯鱼’。”《文字集略》[6]：“‘鯯’，亦作鰶，又音‘制’。”又引《汇苑详注》[7]：“鯯鱼，以糟[8]浥[9]之，可作汤。”《山海经》：“苕山出浮玉山，其中多鮆鱼。”栖霞郝懿行注引郭注《尔雅》，魛鱼之说。又曰：“今海中亦有刀鱼，登莱人呼为‘林刀鱼’。盖‘林’‘鮤’声之转。”愚案，“林”当是“银”字之讹。

宋琬[10]《银刀鱼诗》：“银花烂漫委筠筐，锦带吴钩总擅场。千载鯆诸留侠骨，至今七箸尚飞霜。”

（案《渔洋诗话》[11]引之，注曰，一名八带鱼，未详，亦未解其意）。

韩梦周《海错竹枝辞》：“银刀出水剑光寒，刺骨锋芒牙齿攒。枉用惊呼作龙子，敷腴风味废盘餐。”

注释

[1] 剂：剪齐。

[2] 篾：薄竹片，可以编制席子、篮子等；泛指苇子或高粱秆上劈下的皮。

[3] 吻：口，嘴。

[4] 快利：锋利，锐利。

[5] 鲊鱐：腌制或晒干。

[6]《文字集略》：文字书。南朝梁阮孝绪撰。《隋书·经籍志》著录作6卷，《旧唐书》《新唐书》均作1卷。据释玄应《一切经音义》语，全书俗字居多，不少字的音义无依据。书已佚。

[7]《汇苑详注》：36卷，又名《类苑详注》。旧本题明王世贞撰，邹善长重订。善长不知何许人。其书成于明万历三年(1575)，《明史·艺文志》亦著录。凡27部，首列引用书目，似乎浩博，其实就唐、宋诸类书采掇而成。观官职门中所列，皆用宋制，知为剽剟《事文类聚》《合璧事类》而成矣。疑亦托名世贞者也。

[8] 糟：古指未漉清的带滓的酒，后指酒渣。

[9] 浥：湿润。

[10] 宋琬(1614—1673)：清初著名诗人，字玉叔，号荔裳，山东莱阳人。清顺治四年(1647)进士，曾任户部河南司主事、吏部稽勋司主事、陇西右道佥事、左参政。康熙十一年(1672)，授通议大夫四川按察使司按察使。翌年，进京述职，适逢吴三桂兵变，家属遇难，忧愤成疾，病死京都，时年60岁。其诗入杜、韩之室，与施闰章齐名，有"南施北宋"之说，又与严沆、施闰章、丁澎等合称为"燕台七子"。著有《安雅堂集》《二乡亭词》。

[11]《渔洋诗话》：清王士禛(1634—1711)撰，3卷。王士禛《王氏渔洋诗钞》有著录。此编成于康熙四十七年(1708年)，总282条。

红娘鱼[1]。圆身，红色，细鳞，上丰下锐。长可七八寸，阔可二三寸，与鲯鱼同时出。祝枝山《野记》载："海味有红娘子。"

注释

[1] 红娘鱼：属鲉形目鲂鮄科，为暖温性近海中小型底层鱼类，栖息于泥沙底质的海区，以底栖无脊椎动物和鱼类为摄食对象。

痴鱼[1]。圆身，色微红带白，细鳞，上丰下锐，似红娘而较小，二月取之，传此鱼时出浮水面，人见之，以手捕之即获，不知避人，故得此名云。

注释

[1] 痴鱼：即矛尾复虾虎鱼，也称魹鱼、海鲇鱼、傻黏鱼光、鲇光鱼、痴狗光等。属鲈形目虾虎鱼科，生长在海水中，属底层鱼类。其头大而扁，略似淡水鲇鱼，嘴大无须，尾部较细。

海狗鱼[1]。扁身而狭长，青白色，肉多硬刺，秋月取之。

注释

[1] 海狗鱼：即龙头鱼，又称狗母鱼、豆腐鱼，属仙女鱼目合齿鱼科。生活在暖湿性海洋的中下层，运动能力不强，常栖息于浅海泥底的环境中，以小鱼、小虾、底栖动物为食。

驴尾鱼[1]。身上平下圆，青黑色，长可尺许，有驴尾形。春月取之，为海鱼中之下品。

注释

[1] 驴尾鱼：即鲬鱼，又称百甲鱼、牛尾鱼、拐子、龙王橛子，属鲉形目鲬科。

鳘鱼。形似豸鱼，而口不开，色较黑，头较小，秋月取之，不为佳。

海蛇。一作鲊，一名水母，一名樗蒲鱼，一名石镜，或曰俗称“海蛰”，或称“海蜇”。《玉篇》：“蛇”字注云，“除嫁切，形如覆笠[1]，泛泛[2]常浮随水，亦作‘脍’。”《本草纲目》李时珍曰：“蛇，作‘宅’二音，南人讹为‘海折’，或作蜡鲊者，并非刘恂[3]云，闵人曰‘蛇’，广人曰‘水母’。《异苑》名曰石镜也。”陈藏器曰：“蛇生东海，状如血衉[4]，大者如床，小者如斗。无眼目、腹胃，以虾为目，虾动蛇沉，故曰水母目虾。亦犹蛩蛩[5]之与距虚也。煠[6]出，以姜、醋进之，海人以为常味[7]。”又李时珍曰：“水母，形浑然凝结。其色红紫，无口眼，腹下有物，如悬絮。群虾附之，咂[8]其涎沫，浮沉如飞，为潮所拥，则虾去而蛇不得归。人因割取之，浸以石灰、矾水，去其血汁，其色遂白。其最厚者，谓之‘蛇头’，味更胜。生熟皆可食，加柴灰和盐水腌之，良。”《格致镜原》引《岭表录异》：“水母，广州谓之‘水母’，闽谓之‘蛇’，其形乃浑然凝结一物。有淡紫色者，有白色者，大如覆帽，小者如碗。肠下有物，如悬絮，俗谓之足，而无口、眼。常有数十虾寄腹下，咂食其涎。浮泛水上，捕者或遇之，即欻然[9]而没，乃是虾有所见耳。南中[10]好食之，云性暖，治河鱼之疾。然甚腥，须以草木灰点生油，再三洗之。莹净如水精[11]、紫玉[12]。肉厚可二寸，薄处六分余。先煮椒桂[13]，或豆蔻[14]、生姜，缕切[15]而煠之，或以五辣揉醋[16]，或以虾、醋如脍食之，最宜。虾、醋亦物类相摄[17]耳。"案，诸说言蛇之形状、食法已备，此物掖海甚少，即墨为多，渔人皆乘筏入浅水捞之。

注释

[1] 覆笠：倒置的斗笠。

[2] 泛泛：为荡漾的样子，浮动的样子。

[3] 刘恂：地理杂记《岭表录异》的作者。

[4] 血峪：凝固的羊血。峪，通"脂"。

[5] 蛩蛩：传说中的异兽。蛩蛩与距虚为相类似而形影不离的二兽。《吕氏春秋·不广》："北方有兽，名曰蹶，鼠前而兔后，趋则跲，走则颠，常为蛩蛩距虚取甘草以与之。蹶有患害也，蛩蛩距虚必负而走。"

[6] 煠：将食物置入热汤或热油中，待沸即出，称为"煠"。

[7] 常味：不变的味道。

[8] 咂：用嘴唇吸，咂摸。

[9] 欻然：忽然。

[10] 南中：在历史上指今天的云南、贵州和四川西南部地区。

[11] 水精：水晶。

[12] 紫玉：紫色宝玉，古代为祥瑞之物。

[13] 椒桂：椒实与桂皮，皆调味的香料。

[14] 豆蔻：又名草果。多年生草本植物。高丈许，秋季结实。种子可入药，产于岭南。

[15] 缕切：细切。

[16] 五辣揉醋：五种辛辣调味品与香醋相混合。

[17] 摄：通"慑"。恐惧，威胁，使慑服。

鰕。或作“虾”，从“鰕”为正[1]。《本草纲目》李时珍曰：“鰕音霞，俗作‘虾’，入汤则红，色如霞也。江、湖出者，大而色白；溪池出者，小而色青，皆磔须[2]钺[3]鼻，背有断节，尾有硬鳞，多足而好跃[4]，其肠属[5]脑而其子在腹外。”案，掖地海虾，初春捞取之，大者不盈寸，煮熟浸之，以盐和姜醋食之，或炒食，并佳。及晚春，则其子已出，而不宜食矣。一种最大者，四月取之，可五六寸许，煮熟，两两相对出卖，号“对虾”。掖地无江湖池沼，海之外，惟濠内产虾，亦初春捞取之，然不如海虾之良，其蒸曝[6]作虾米者，掖地甚少。

注释

[1] 正：字形或拼法符合标准的字。区别于异体字、错字、别字等。亦指本字。
[2] 磔须：虾须如捺笔。磔，书法术语。“永字八法”称捺笔为“磔”。古代祭祀时裂牲称为磔，捺法用磔，意思是笔毫尽力铺散而急发。
[3] 钺：古代兵器，青铜制，像斧，比斧大，圆刃可砍劈，中国商及西周盛行。又有玉石制的，供礼仪、殡葬用。
[4] 好跃：喜欢跳跃。
[5] 属：归属，隶属。
[6] 曝：晒干。

蟹。《格致镜原》引傅肱《蟹谱》[1]：“蟹，水虫也。其字从虫，亦曰鱼属，故古文从鱼，作𩹨。”《本草纲目》：“此物之来，秋初如蝉蜕壳，名蟹之意，必取此义。”案，掖地蟹皆海出，其背两头有尖，大者四月即有，多煮熟卖之；小者秋月乃有。居人率[2]捣为酱，加之以盐，气味殊[3]恶，不为佳。其背圆者曰“毛蟹”，可为鲊[4]，近海田中亦有。

注释

[1]《蟹谱》：共2卷，宋代傅肱撰。傅肱字自翼，其自署曰怪山。陈振孙谓，怪山乃越州之飞来山，则会稽人也。其书分上、下两篇，前有宋仁宗嘉祐四年（1059）自序。书中所录皆蟹之故事，上篇多采旧文，下篇则其所自记。铨次颇见雅驯，所引《唐韵》17条，尤足备考证。
[2] 率：皆，都。
[3] 殊：很，极。

[4] 鲊:用盐腌制。

蛤。《本草纲目》李时珍曰:"长者通曰蚌,圆者通曰蛤,故蚌从丰,蛤从合,皆象形也。"案,蛤之种类甚繁,掖海出者大抵有五种:其壳圆而细白者,土人呼曰"绵蛤";壳微长,外粗中紫者呼为"血蛤";一种大者,白壳呼"鲜蛤";有花纹者曰"花蛤"。《本草纲目别录》[1]曰:"文蛤生东海,表有纹,取无时[2]。"陶宏景[3]曰:"小者皆有紫斑。"韩保升曰:"今出莱州海中,三月中旬采,背上有斑文[4]。"苏恭[5]曰:"大者圆三寸,小者圆五六分。"李时珍曰:"案,沈存中[6]《笔谈》云:'文蛤,即今吴人所食花蛤也。其形一头小,一头大,壳有花斑的便是。'"岸案,《元和郡县志》[7]《太平寰宇记》[8]《唐书》并云莱州贡文蛤,当即此也。然《笔谈》所云一头小、一头大,与今掖海所出似有不合。又有一种,壳上有沟纹者,呼曰"斗蛤"。《本草纲目》有魁蛤,一名魁陆,一名蚶,一名瓦屋子,一名瓦垄子。云魁者,羹斗[9]之名,蛤形肖之故也。又云,南人名空慈子,《尚书》卢钧以其壳似瓦屋之垄,改为瓦屋、瓦垄也。《别录》曰:"魁蛤生东海。"韩保升曰:"今出莱州,形圆,长似大腹槟榔,两头有孔。"陈藏器曰,"蚶生海中,壳如瓦屋。"李时珍曰:"案,郭璞《尔雅注》云:'魁蛤即今之蚶也,状如小蛤而圆厚。'《临海异物志》[10]云:'蚶之大者,径四寸'。背上沟纹似瓦屋之垄,"诸说所云,当即掖之斗蛤也。《本草纲目》又有海蛤云:"今登、莱、沧州海沙湍[11]处,皆有,四五月,淘沙取之。"又曰:"海蛤者,海中诸蛤烂壳之总称,又有曰马刀者。"《事物原始》[12]曰:"马刀,一名马蛤,生江海中,长六七寸。"《正字通》亦曰:"蛤圆而巨者为蛤。"马刀名马蛤,是马刀乃蛤之大者。而《本草纲目》乃曰:"马刀,细长小蚌也",又曰,"似蚌而小,形狭而长",所云互有不同。又蛤蜊,《本草纲目》曰:"蛤类之利于人者,故名云[13]。"白壳紫唇是蛤蜊,乃蛤之一种,非通称也。又有曰"蝛蜓"、曰"蚬",皆蛤类。而掖海恒见之蛤,实止此五种。初春时出,随潮而上,渔人俟潮退拾取之。

注释

[1]《本草纲目别录》:全称《名医别录》,药学著作。简称《别录》,3卷。辑者佚名。约成书于汉末。是秦汉医家在《神农本草经》一书药物的药性功用主治等内容有所补充之外,又补记365种新药物。由于本书系历代医家陆续汇集,故称为《名医别录》。原书早佚。

[2] 无时：不定时，随时。

[3] 陶宏景：即陶弘景（456—536），字通明，自号华阳隐居，谥贞白先生，丹阳秣陵（今江苏南京）人。南朝齐、梁时道教学者、医药学家。《本草经集注》作者。

[4] 斑文：斑点，花纹。

[5] 苏恭：原名苏敬（599—674），宋时因避赵佶讳，改为苏恭或苏鉴，陈州淮阳（今河南淮阳）人，中国唐代药学家。曾任朝仪郎、右监门府长史骑都尉。主持编撰世界上第一部由国家正式颁布的药典《唐本草》。

[6] 沈存中：沈括（1031—1095），字存中，号梦溪丈人，汉族，杭州钱塘（今浙江杭州）人，北宋官员、科学家，著《梦溪笔谈》。

[7]《元和郡县志》：全称《元和郡县图志》，宰相李吉甫创作的一部唐代中国地理学专著，"元和"二字源自成书于唐宪宗元和八年（813）。该书对古代中国政区地理沿革有比较系统的叙述，是保留下来的中国较古老的一部地理学专著，架构也较好。清代《四库全书总目提要》评价："舆地图经，隋唐志所著录者，率散佚无存；其传于今者，唯此书为最古，其体例亦为最善，后来虽递相损益，无能出其范围。"

[8]《太平寰宇记》：宋乐史撰，共 200 卷。该书为古代中国地理志史，记述了宋朝的疆域版图。广泛引用历代史书、地志、文集、碑刻、诗赋以至仙佛杂记等，计约 200 种，且多注明出处，保留了大量珍贵的史料。

[9] 羹斗：盛酒器物，有柄。

[10]《临海异物志》：最早署录于《隋书·经籍志》，全称为《临海水土异物志》，1 卷；《旧唐书·经籍志》《新唐书·艺文志》亦加著录，均作《临海水土异物志》1 卷。至宋朝而书亡佚。

[11] 湍：水势急速。

[12]《事物原始》：宋代高承编撰的类书，专记事物原始之属。凡 10 卷，共记 1765 事，分 55 部排列。其书于每事每物，皆考索古书，推其缘起。虽不能尽确，亦可以资博识。

[13] 故名云：所以得名如此。

蛏。《正字通》曰："蛏，蚌属，生海泥中。"《玉篇》："蛏"与"蠬""虰"字同。蠬字注曰："蠬，虰虫，亦兽名。"则似不指海物矣。《本草纲目》，"蛏"与"马刀"相似。案，今掖海出者，皆长二三寸，如笔管，两头有孔，其壳两片相合，微扁，即墨海中所出者，大至六七寸者。毛贽《识小录》[1] 曰："蛏子，往惟即墨海中有之，掖人不知取也，近者即墨逃荒人来西岩[2]，谓此地有蛏可取，遂示以取之之法。蛏子皆于近岸浅水中，潜处每有细窝，形如笔管，用针钩垂之，蛏即可上，一人日可得十余斤。”

宋琬《笔管蛏诗》：“雕虫小技旧知名，食邑由来号管城。曾与江郎书《恨赋》，莫将刀笔博公卿。”

韩梦周《海错竹枝辞》：“软沙潮退似蜂房，个个蛏鲜就内藏。不用垂纶兼作饵，片时拾得满荆筐。”

注释

[1]《识小录》：清乾隆年间文人毛赞所撰。毛赞，字师陆，号勺亭，明代阁老毛纪的裔孙。该书编纂于清代乾隆十年(1745)，当时没有刊行。民国年间，邑人王桂堂依其凡例，复为编辑，并校正其伪误异同，又将邑志所载及前辈引用者，略补其缺，编成全帙。因书名雷同甚多，加“勺亭”成《勺亭识小录》之名。《识小录》系毛赞将平生收集、采访的地方文献、掌故，“反复详阅”，“琐细无关紧要者，汰之删之”，共得十之三，却为一集，定名曰“识小”。

[2] 西岩：今山东莱州虎头崖，史称“西岩”。

牡蛎。《本草纲目》苏颂[1]曰：“牡蛎，今海傍[2]皆有之……皆附石而生，块垒[3]相连如房，呼为‘蛎房’。晋安人呼为‘蚝莆’。”初生止如拳，石四面渐长，至一二丈者，巉岩[4]如山，俗呼“蚝山”。每一房内有肉一块，大房如马蹄，小者如人指面。每潮来，诸房皆开，有小虫入则合之以充腹。海人取者皆凿房，以烈火逼之，挑取其肉当食品。其味美好，更有益也，海族为最贵。李时珍曰：“蛤蚌之属，皆有胎生、卵生，独此化生，纯雄无雌，故得名‘牡’。名曰‘蚝’，言其粗大也。”《格致镜原》引《庶物异名疏》[5]曰：“道家方以左顾为雄，故名‘牡蛎’。右顾为‘牝蛎’。或曰以头尖为左顾。”陈藏器曰：“天生万物，皆有牝、牡。惟是咸水结成，块然不动，阴阳之道，何从而生？且如牡丹，岂有牝丹乎？此物无目，更无顾盼。”然《南州志》[6]“蛎房赞”曰：“海曲蛎房，或名‘蠔山’。眉渠磊砢，牝牡异斑。肉曰‘蛎黄’，醇味海蛮。”案，此则诚有牝蛎，以斑别矣。又引《闽部疏》[7]曰：“蛎房虽介属[8]，附石乃生，得海潮而活，凡海滨无石、山溪无潮处，皆不生。余过莆迎仙寨桥时，潮方落，儿童群下，皆就石间剔取肉去，壳连石不动。或留之，仍能生。其生半与石俱，情在有无之间，殆[9]非蛤蚌比也。”岸案，《文选》郭璞

《江赋》:“玄蛎,块垒而碨硊[10]。”注《临海水土物志》曰:“蛎,长七尺。”《南越志》曰:“蛎形如马蹄。”今掖海产蛎凡二处:一为虎头崖,一为小石岛。二处岸皆有石,其房无大至一二丈者,每十月取之。初春尚有,入街呼卖者甚众。江邻几[11]《杂志》谓,“鳆鱼,即牡蛎。”非是。《太平寰宇记》,莱州土产有牡蛎。《元丰九域志》[12]莱州贡牡蛎一十斤。《宋史》,莱州贡牡蛎。

刘子翚《食蛎房诗》:“蛎房生海壖,坚顽宛如石。其中储可欲,虽固必生隙。嵌岩各包藏,碨硊相附积。中逢霹雳手,妙若启扃鐍。钻灼谅难堪,曷不吐余沥。南庖富腥盘,岂惟此称特?吞航大绝伦,梯脔万夫食。针鳞九牛毛,小嚼逾千百。光螺晕紫斑,簠膏湛金色。水母脆鸣牙,章举悬疣密。乌粘力排奡,贴石不可索。妾鱼戏浮波,媚鲘雌雄匹。蟹躁辄横骛,鳖缩常畏出。车螯不服箱,马鲛非骏迹。江瑶贵一柱,嗟岂栋梁质。骨柔竞爱鲢,多鲠鯯乃斥。蚶虹鲑赤文,肉黑鱼之贼。鲦鲿鰋鲤鳗,鳣鲔鳅鲂鲫。鳙庸而鮂小,琐冗难尽述。包涵知海量,长养荷天德。贪生族类繁,失地波涛窄。网罾人创祸,甘鲜已为厄。纷然均可口,流品当剔白。微物倘见知,捐躯不足惜。”

注释

[1] 苏颂(1020—1101):字子容,原籍福建泉州府同安县(今属福建厦门同安区),后徙居润州丹阳(今江苏丹阳)。北宋中期官员,于经史九流、百家之说,及算法、地志、山经、本草、训诂、律吕等学无所不通,曾著有《图经本草》等作品。

[2] 海傍:海边,海畔。

[3] 块垒:泛指郁积之物。

[4] 巉岩:陡而隆起的岩石,如悬崖或崖、孤立突出的岩石。

[5]《庶物异名疏》:明陈懋仁撰,30卷。陈懋仁有《年号韵编》,已著录。是编汇辑物名之异者,为之笺疏。凡2452名,分25部。

[6]《南州志》:三国吴万震撰《南州异物志》,多见于《齐民要术》《初学记》《北堂书钞》《史记正义》《一切经音义》《法苑珠林》《太平御览》《事类赋注》等书。

[7]《闽部疏》:明王世懋撰。是书记闽中诸郡风土、岁时及山川、鸟兽、草木之属,亦地志之支流。

[8] 介属:有甲壳的虫类或水族。

[9] 殆：几乎，差不多。

[10] 碨硂：地形不平。

[11] 江邻几：江休复（1005—1060），字邻几，河南开封陈留人，博览强学，文章淳雅。尤长于诗，淡泊闲远，年56岁卒。著有《唐宜鉴》15卷、《春秋世论》30卷、《文集》20卷，今均不存。存世者有《杂志》2卷、补1卷、续补1卷。

[12]《元丰九域志》：北宋中叶地理总志，王存主编，曾肇、李德刍共同修撰。全书分10卷，始于四京，次列23路，终于省废州军、化外州、羁縻州，分路记载所属府、州、军、监及其距京里程、四至八到、主客户数、土贡、领县数和名称。

蠃。《正字通》："蚌属，通作'蠡'，俗作'螺'。"案，《本草纲目》载，蠃之种类，有流蠃、珠蠃、鹦鹉蠃、梭尾蠃、钿蠃、红蠃、青蠃、蓼蠃、紫贝蠃。《格致镜原》有钻蠃、刺蠃、拳蠃、剑蠃、斑蠃、丁蠃。掖海所产之蠃，恒[1]见者有二种。一种圆者无尖，微扁。一种长者，两头有尖，壳红白色，大小不等，其有尖者，大者可七八寸，小者或一寸，或二三寸。其类名难以细核[2]。又有石决明者，名九孔蠃，壳内有光。《本草》云，莱州海边有之。《太平寰宇记》，莱州贡石决明。今掖海实不经见[3]，或云即鳆鱼，鳆鱼乃即墨所产也。

注释

[1] 恒：经常。

[2] 核：审查，核对。

[3] 经见：常见。

沙噀。《格致镜原》引《宁波府志》："沙肠，块然一物，如牛马肠脏，头长可五六寸许，胖软如水虫，无首，无尾，无目，无皮。但能蠕动，触之即缩小如桃栗，徐[1]复臃肿。土人以沙盆揉去其涎腥，杂五辣煮之，脆美，为上味。"案，今掖海中有一物，状与此相类，土人号"海肠"，又一种相似但不相同者，号"海红"，当即沙噀也。赵执信[2]有《海肠诗》。

注释

[1] 徐：缓慢。

[2] 赵执信（1662—1744）：字伸符，号秋谷，晚号饴山老人、知如老人，青州益都颜神（今山东省淄博市博山区）人。清代诗人、诗论家、书法家，14 岁中秀才，17 岁中举人，18 岁中进士，后任右春坊右赞善兼翰林院检讨。28 岁因佟皇后丧葬期间观看洪升所作《长生殿》戏剧，被劾革职。此后 50 年间，终身不仕，徜徉林壑。赵执信所作诗文深沉峭拔，亦不乏反映民生疾苦的篇目。

海草。形如细带，长可数尺，产大海中，甚青葱。每于深秋草木黄落时，随潮漂岸上。可以苫屋，经火不燃，亦可借以卧，王西樵[1]《忆莱诗》“御寒收海带”是也。

注释

[1] 王西樵：王士禄（1626—1673），字子底，一字伯受，号西樵山人，山东新城（今山东桓台）人。清介有守，笃于友爱。自少能文章，工吟咏。以诗法授诸弟，皆有成就，而王士祯尤以风雅为海内所敬仰。选莱州府教授，迁国子监助教，擢吏部主事。康熙二年（1663 年），以员外郎典试河南，因事免官。尝游杭州，历览湖山之胜。居数年，起原官。寻又免归。母殁，以毁卒。乡人私谥节孝先生。

清同治林溥《即墨县志·物产》辑注

介属

蛤蜊、蛏、鲜[1]、鳆、蚶[2]、螺、龟、鳖、蟹、西施舌、醋龟[3]（鸳鸯石，能催生）。

鳞属

鲤、鲫、鲇、鳝、鮨[4]、梭、鲳、鳘、鲅、鲝[5]、鳅[6]、白鯨[7]、石首、黄花、仙胎、比目、嘉鯕（旧志作家鸡，府志作加鯕，并误。诸城志作嘉鯕，今从之）、海凫[8]、银刀（银刀、刀鱼即一种，旧志并载，误）、八则（俗谓蛸，为八带鱼。《山海经》谓之八则）、鲽鱼[9]、豸化鱼[10]、银鱼、逛鱼[11]、河豚、鲼鱼[12]、鯨鲞（即白鯨之咸者）、针鱼[13]、青鱼、墨鱼、海参、海肫[14]、水母（俗谓之海蜇）。

注释

[1] 鲜：蚬子，也叫刀蚬。属双壳纲。壳面呈黄绿色、黑褐色和黑色，有光泽，壳内呈淡紫色、鲜紫色和瓷状光泽。营底栖生活，栖息于咸淡水和淡水水域内。肉味鲜美，营养价值高，可供食用，是鱼类、水禽的天然饲料。又为中药材，有通乳、明目、利小便和去湿毒等功效。

[2] 蚶：属双壳纲。蚶壳表面有凸出且较密的放射肋条状，有血蚶、毛蚶等种类。血蚶壳边缘呈波纹状，其明显特征是血液含血红素，呈红色。

[3] 醋龟：郎君子。

[4] 鮨：《山海经》之《北山经》所记载的一种鱼。相传此鱼长着鱼身狗头，发出声音似婴儿啼哭。应指的鲵。今指鮨科的鱼类。

[5] 鲝：同“鲊”，一种用盐和红曲腌制的鱼。

[6] 鳅：鳅科鱼类的统称。属鲤形目鳅科，与鲤科鱼类近缘，但外形和习性与鲇类鱼相近。常见的有泥鳅、沙鳅和长薄鳅等。

[7] 白鯨：何罗鱼，古称鲃鮥鱼，也称白鳞鱼。

[8] 海凫：又作海浮鱼、海鲋鱼，俗称布鸽狼子，学名黑鲷，属鲈形目鲷科。系浅海底层鱼类，喜栖息在沙泥底或多岩礁的海区，一般不作远距离洄游。

[9] 鲽鱼：属鲽形目鲽科，栖息在浅海的沙质海底，捕食小鱼虾。

[10] 豸化鱼：即花鲈，也称寨化鱼、花寨、俗称鲈鲛。属鲈形目花鲈科，肉质白嫩、清香，没有腥味，肉味蒜瓣形，最宜清蒸、红烧或炖汤。

[11] 逛鱼：又作鮵鱼，即矛尾复虾虎鱼，也称海鲇鱼、傻黏鱼光、鲇光鱼、狗光鱼等。鲈形目虾虎鱼科，生长在海水中，属底层鱼类。头大而扁，略似淡水鲇鱼，嘴大无须，尾部较细。

[12] 鲼鱼：老板鱼的别称，也称“黄鲼鱼”。

[13] 针鱼：又作箴鱼。

[14] 海肫：即河豚，俗称“挺拔”。

周至元《崂山志·物产》辑注

鱼

仙胎鱼，生白沙河上游，大者长五六寸，处清泉白石间，不染泥尘，故味甚鲜美。

梭、鲳、鳖、鲅、鲢、银刀、鳝、石首、黄花、黄姑、比目、嘉级、荐化[1]、鲼、针鱼、青鱼、春鱼、河豚子（有毒）、八则（俗名蛸。墨鱼，一名乌鱼）、鳛[2]、鲻、鲈、开目鱼、鳗[3]、鱿鱼、鲫、水母（俗名海蜇，秋日始出）、海参。

注释

[1] 荐化：即花鲈，也称寨化鱼，花寨，俗称鲈鲛。
[2] 鳛：鳛鱼，学名鲯鳅，俗称萌凉鱼，鲈形目鲯鳅科，温、热带洄游性中上层海洋鱼类，喜结群，游泳迅速，喜阴影，性贪食，黄海一带多产。
[3] 鳗：属鳗鲡目鳗鲡科。

以上多产海中，而其中尤以鲢鱼、鲅鱼、刀鱼、黄花、青鱼、老板鱼、黄姑、墨鱼、八则诸鱼为最夥[1]。大抵捕鱼之期，春以谷雨，秋以白露为最盛。盖春暖则鱼自南来，秋凉则鱼由北归耳。海滨居民，以渔为业者十居八九。其取鱼之具，有圆网，以捕刀鱼为主。长八十尺，竖五十尺，网目[2]正方，口一寸六七，上系浮标，下坠以石。每一潮汐，可下网一二十次。捕鱼期，以三月至五月。有袖网，以捕虾及杂鱼为主。长五十四尺，竖十八尺。网目正方，寸五分。其腹部目渐小，下附网囊，形如衣袖，四角支之以竿，安置海中，使囊口迎潮[3]。鱼入囊中，即不得出。一船而置二十余网。渔期自二月至六月。有流网，以捕春鱼、青鱼、鲥鱼为主，长八十尺，竖三十尺，下系浮标，坠之以瓦。网目正方，寸二分。夕投朝收。宜用于深洋。渔期三月至五月。有曳网[4]，以捕翅鱼、鲹鱼[5]为主，渔期与流网同。至于日人[6]捕鱼，则有绳钓、打网、升网、流网，尤严密矣。

注释

[1] 夥：多。
[2] 网目：纵线横线相交所织成的渔网网眼。
[3] 迎潮：逆潮流而上。
[4] 曳网：拖网。
[5] 鲹鱼：体侧扁而较长，银灰色，有黑色斑点，口大，吻尖，喜寒冷，是生活于溪流中的小型鱼类。
[6] 日人：日本人。

介

西施舌，产鹤山东麓海滩中，乃蛤之较大者。肉丰味鲜，胜于常品。周至元诗："浣纱人[1]云舌犹存，惹得东邻欲效颦。滑腻俨[2]同鸡颈肉，温柔恰称美人身。华池春暖蚌胎结，沧海秋高异味新。莫笑老饕[3]食指动，相看我亦口流津[4]。"

鲍鱼（鲍鱼岛附近所产尤多）、蛏（俗名撑子）、蚶、鲜、鳆、螺（大者如拳）、龟、鳖、蛎、贝、蛤、琵琶虾（一名虾虎，杂[5]小虾群中。谷雨前后，腹有子[6]时尤佳）。

注释

[1] 浣纱人：代指西施。
[2] 俨：形容特别像。
[3] 老饕：贪吃之人。
[4] 津：口液，唾液。
[5] 杂：混合。
[6] 子：鱼子。

蓝水《崂山志·物产》辑注

鱼（海鱼不具载）

仙胎鱼，劳山特产，以白沙河产者为大，形似梭鱼，口方吻，肉隆起，色如黄卷[1]，长不过尺，臭[2]似胡瓜[3]，着手即死，烹食鲜美无比。喜居清流，不过横草荫影下，见即止。走如箭射，钩网不能得。取者每于天晴时，于河中流，双方持竿逆流望其来，以二竿就水面横截之，鱼见影顿止，若回头走则无望，左走则左伸其竿，右走则右伸其竿，挨至近岸手捕之。仙胎有特性[4]，虽死不变。人之知经不知权[5]，有取死之道，亦仙胎类[6]。又梭鱼亦不过荫影下，但能跃出水面越而过，仙胎不能，识其性而乘[7]其短，虽捷安[8]所逃生？按：雁荡山有香鱼。《瓯江逸志》称："香鱼鳞细不腥，春初生，月长一寸，冬月长尺余，则赴潮际[9]生子，生已辄槁[10]，惟雁荡溪涧有之，一名积月鱼。"盖亦仙胎类。

注释

[1] 黄卷：书卷。
[2] 臭：气味。
[3] 胡瓜：黄瓜。因其是从西域传进来的蔬菜，故称"胡瓜"。
[4] 特性：特有的品质与特征。
[5] 知经不知权：懂得固守常规，而不知变通。
[6] 类：相类，相似。
[7] 乘：利用。
[8] 安：表示疑问，相当于"怎么""岂""哪里"。
[9] 潮际：海潮上涨至此为际，故称"潮际"。
[10] 槁：枯干。

海参，栖近海，中国沿海产海参六十余种，可食者二十种。色有黑、黄、白。形似胡瓜，有刺无刺，肉有硬软之分，旧说产辽东、登州、胶州海者（即今渤海与黄海），色黑、肉软、有刺，名刺参，为上品。广产[1]者色黄，建产[2]、浙产者色白，俱无刺肉软，名光参，味淡劣，为下品。劳山沿海俱产有刺黑参，所谓刺，系其背及侧面生疣足[3]，各数列，腹面具管足[4]三列，潜伏海底，二三月浮游出水面，在浅沙孳乳[5]。出子后唯有空皮。四五月入深海，体略肥。伏月[6]，伏海极深处石底或泥穴中，体肥厚，刺光泽，味最美。其体笨重，游水中屈伸前进，不过寸许。遇敌能倾吐脏腑[7]，脱身逃去。五十天后复具生[8]。着人气即不动，取者用海狗油[9]滴水中，即清澈见底，每[10]遭沙鱼害。得者用石灰腌[11]去腥，鲜时长四寸许，拱把[12]粗，干仅寸许指粗。入药用黑者，性温补，足敌人参，故名海参。能生百脉[13]血。研末掺溃疡中杀蛆虫。

注释

[1] 广产：广东出产。

[2] 建产：福建出产。

[3] 疣足：体壁外凸形成的中空结构，具有运动、呼吸等功能。

[4] 管足：棘皮动物水管系统中从辐管分出的管状运动器官，管足末端具有吸盘。

[5] 孳乳：（动物）繁殖。

[6] 伏月：农历六月。农历六月三伏赤日炎炎，故得名。

[7] 脏腑：五脏六腑合称脏腑。五脏包括心、肝、脾、肺、肾；六腑包括胃、胆、大肠、小肠、膀胱和三焦。

[8] 具生：同“俱生”，全部生出。

[9] 海狗油：中药名，为海豹科动物港海豹、西太平洋斑海豹等海豹的脂肪油。

[10] 每：经常，常常。

[11] 腌：腌制。

[12] 拱把：指径围大如两手合围。

[13] 百脉：人体各条血脉。

鳆鱼，俗名鲍鱼，劳山沿海俱产，以鲍鱼岛附近为多。介壳[1]类蛤，唯一片无对，螺旋小，偏于一方。形似人耳，大者如掌，肉亦含珠，壳口阔大，外缘有孔如穿成者，七孔、九孔者良。附海底岩上，泅人[2]乘其不意取之，否则紧贴难脱。肉烹食鲜美，壳名千里光，煅研[3]服，治目疾。《汉书·王莽传》：“惟日啖[4]鳆鱼”。《后汉书·伏隆传》：“张步遣使随隆，诣阙[5]上书献鳆鱼。”据二说，鳆鱼在汉时，为御膳珍品。

注释

[1] 介壳：蛤、螺等软体动物的外壳。
[2] 泅人：潜水之人。
[3] 煅研：用火烧，凉冷，再研细。
[4] 啖：吃或喂。
[5] 阙：古代指皇宫大门前两边供瞭望的楼，泛指帝王的住所。

西施舌，腹足[1]甚长如舌因名[2]，味美为蛤之最，产鹤山附近海滨中，仲冬[3]始有，过正月半即无。长可二寸。润脏腑，止烦渴[4]，为补阴要药。

注释

[1] 腹足：腹足纲动物，其足位于躯体的腹面，故名。
[2] 因名：因此而得名。
[3] 仲冬：也称“中冬”，为冬季的第二个月，即农历十一月。
[4] 烦渴：中医术语，心烦口渴，欲饮水。